ヤマケイ文庫

働かないアリに意義がある

Hasegawa Eisuke
長谷川英祐

目次

第2章 働かないアリはなぜ存在するのか?

第3章　なんで他人のためにに働くの？

序章 ヒトの社会、ムシの社会

「とかくこの世は住みにくい」

明治の文豪、夏目漱石は「草枕」の冒頭で、「智に働けば角が立つ。情に棹《さお》させば流される。意地を通せば窮屈《きゅうくつ》だ。とかくに人の世は住みにくい」と言っています。

なぜ住みにくいのか？　それは人の世が「他人のいる社会」だからです。

職場では、長い時間をかけて準備をした営業プランがお客さんの心変わりでボツに。一生懸命やっているにもかかわらず、上司に「もっと働け」と言われる。くたくたになって家に帰れば、妻や娘から「もっと家の手伝いもして」とか、「お父さんのパンツと私の服、一緒に洗わないでよ」という言葉が待っている。風呂あがりにビールを飲もうと冷蔵庫を開けたらビールは息子が飲んでしまってすでになく、がっくりと肩を落として閉じた扉には、町内会の役員をやってくださいというお知らせがマグネットで貼られている。テレビに目を向ければ、環境問題とやらで大好きなマグロの刺身が食べられなくなりそうだ――。

このように社会のなかで生きていると、自分の「こうしたい」思いと、社会からの要請の狭間で煩悶《はんもん》することになります。

もし、世の中から他人が一人もいなくなったら気楽じゃないでしょうか？　なんでも自分の好きなようにできれば、私たちが日々抱えるストレスのほとんどはなくなってしまうのではないでしょうか？

ちょっと考えてみれば、その想像がただの夢にすぎない理由はすぐにわかります。社会の存在はストレスと同時に、個人の生活に巨大な恩恵をもたらしているからです。もし、他人が誰もいなくなれば、私たちは日々の食料を手に入れることすら困難になってしまうでしょう。もちろん、私たちの生活を根底から支えている電気、水道、ガスなどのインフラも止まってしまいます。そんな世界で生き延びていける人は、ほとんどいません。ヒトという生き物は社会なしには生きられないのです。

個体は社会から逃げられない

社会があるのは悪いことばかりではありません。日本という平和で裕福な社会に生まれたおかげで、私たちの多くは文句を言いつつも楽しく日々を過ごすことができ、その暮らしが明日、脅《おびや》かされるということもありそうにありません。これは日本国が主権国家として世界に認められる地位を築いてきた、という環境に大きく依存しているのは間違いないでしょう。
不穏当《ふおんとう》な例かもしれませんが、集団の体裁がいかに他の国家との関係を決めてしまうかについては、江戸時代から明治初期にかけての中央政府と琉球王国、アイヌ社会の関係を見てみるとよいかもしれません。江戸幕府との関係において、琉球は自治政体としての実体を保ち続けたのに対し、アイヌ社会は実質的に消滅させられてしまいました。両者の運命が分かれたのは、琉球王国が軍隊を有する国家の体裁をもっていたのに比して、アイヌ社会は部族社会であり、それを統一する国家機構をもたなかったからではないでしょうか。

このように、所属する集団が他の集団とどのように対峙《たいじ》しているかは、集団に属する個人の運命を大きく左右します。私たち人間は個人と社会のあいだに存在する様々な軋轢《あつれき》から逃れることはできないのです。同時に、集団の性質は、構成員個人の意志と行動によって決まっていくものでもあります。ということは、個人が社会へのかかわり方を変えることで社会を変化させ、結果として個人の生活を変えるのも不可能ではありません。人間社会における政治は、まさにそのような働きをするものです。

個人と社会は相互に影響を与え合いながら、二つの異なる「もの」として並行的に存在しており、個人と社会の利益のあいだには、食い違いが生じることがしばしばです。個人の利益だけを追求すると、他者との協同を必要とする社会がうまく機能しなくなります。かといって社会の利益を前面に押し出しすぎると個人の不満が鬱積《うっせき》し、社会に貢献しようという気運が薄れるため、これまた社会はうまく回らなくなります。この、個人と社会の関係のあり方が人生の複雑さを生みだしているのです。

厄介者《やっかいもの》扱いされるオス

ところで、社会をもつ生物はヒトだけではありません。様々な生き物にも、そして、その辺を這《は》い回るちっぽけなムシたちにも社会としか呼びようのない集団が存在します。

単に群れをつくって行動する生物（例えばメダカなど）を「社会がある」と呼んだり、アフリカの草原のようにいろいろな生物が同じ場所に住んでいることを「生物社会」と呼んだりすることがありますが、生物学では、もっと特殊な集団構成をもつ生物だけを「真社会性《しんしゃかいせい》生物」と呼び、他の集団から区別しています。

みなさんも、ハチやアリの多くが女王を中心に集団生活を営んでいることはご存じでしょう。彼らは、繁殖を専門にする個体と労働を専門にこなす個体（ワーカー。アリでいうと働きアリです）からなる、コロニーと呼ばれる集団をつくる真社会性生物です。

私は大学院以来、真社会性生物を専門的に研究してきました。彼らは個体の上に階層（＝社会）があるため、起こる現象が格段に複雑になり、とても興味深い研究対象なのです。

生物進化の大原則に「子どもをたくさん残せるある性質をもった個体は、その性質のおかげで子孫の数を増やし、最後には集団のなかには、その性質をもつものだけしかいなくなっていく」という法則性があります。「生存の確率を高め、次の世代に伝わる遺伝子の総量をできるだけ多くしたもののみが、将来残っていくことができる」とも言い換えられます。

ところが、真社会性生物のワーカーは多くの場合子どもを生まないので、「子孫を増やす」という右の法則とは矛盾する性質が進化してきた生物、ということになります。なぜそんな生物が存在するのか？　この謎は進化論の提唱者チャールズ・ダーウィンが、自分の進化論を脅かす可能性がある例として、彼の著書『種の起源』のなかで紹介しています。この謎によって真社会性生物は、昔から生物学者の注目を集めていたのです。

1980年代まで、真社会性生物はハチ、アリ、シロアリくらいしか知られていませんでしたが、その後ハチ、アリ、シロアリとはまったく類縁の異なる昆虫のアブラムシで発見され、最近では、ネズミ、エビ、カブトムシの仲間、はてはカビの仲間にも真社会性と呼べる生き物がいるとわかっています。

生物の分類では、同じものと見なされた個体の集まりを種、近縁であると考えられる複数の種を集めたまとまりを属、いくつかの近縁な属を集めたものを科というように階層的な体系を設定しており、同一のレベルの階層（種や属）を分類群と呼びますが、社会性生物の社会構成はハチとネズミのような遠い分類群間でも、ハチとアリのような近い分類群内の種によっても違っています。大づかみにハチとアリ、アブラムシ、シロアリ、カビのパターンをそれぞれ見てみましょう。

ハチやアリではコロニーのなかには普段はメスしかいません（本書では特別な場合を除き、次世代を生む能力をもつ個体をメスとしています）。働きバチや働きアリもみんなメスです。女王もメスで、オスの王はいません。アリの一部には体が大きく、戦闘や限られた仕事に特化した「兵隊アリ」と呼ばれる大型の働きアリがいる種がありますが、もちろん兵隊アリもメスです。アリやハチの世界は完全な女系社会です。ミツバチの世界を舞台にした『みなしごハッチ』や『みつばちマーヤの冒険』といったアニメでは、門番は男なのですが、そんなことは実際にはないのです。

ミツバチのオスは新しい女王が交尾を行うごく短い期間だけに現れ、女王と交尾をするとすぐに死んでしまいます。女王はそのとき受け取った精子を体の中で生かし続けることができ、長い一生のあいだ、ずっとその精子を卵《らん》の受精に使います。

一方オスは1ヵ月ほどの短い人生の期間中、まったく働きません。交尾のためだけに行動します。1回交尾をすると死んでしまうほとんどのオスバチやオスアリは、社会を維持するという観点からは厄介者です。英語でオスのミツバチが「厄介者」を意味するドロウン（drone）と名付けられているのも、たくさん現れ、働かず、巣の蜜を消費してしまうオスが、養蜂家にとってはなんの利益ももたらさないからです。

ミツバチたちにとっても働かないオスは交尾期を過ぎるとただの厄介者のようで、新しく生まれた女王が充分な回数の交尾を済ますと、働きバチはまだ巣にいるオスにエサを与えなくなり、激しく攻撃して巣から追い出してしまいます。追い出されたオスたちはむなしく死んでいくしかありません。ハチやアリの女王にとって、オスは精子を受け取るためだけに必要な存在でしかないのです。人間の男としてはちょっと複雑な気持ちですね。

同じ真社会性生物でもシロアリの場合、コロニーのなかに常時オスとメスの両方がいて、女王と王、オスとメス両方の働きアリが存在します。あまり知られていませんが、社会性ネズミであるハダカデバネズミもシロアリとそっくりな社会構成をもっており、1匹の女王ネズミと2〜3匹の王ネズミを中心に、オス・メス両方の働きネズミがいる社会をつくっています。ヘビなどの天敵から巣の防衛を担当する兵隊ネズミがいることも確認されています。

アブラムシの真社会性は、他の昆虫とはちょっと変わっています。アブラムシの仲間は越冬直前にオスとメスが生まれてきて交尾し、受精卵の状態で冬を越します。春になると受精卵から「幹母《かんぼ》」と呼ばれるメスが生じ、生殖行為を経ずに自分と同じ遺伝子だけをもつクローンの娘を生み落とします。この娘はまたクローンの娘を生み、夏のあいだ大量のメスのアブラムシが植物上に集団をつくります。真社会性のアブラムシは、この無性世代のなかに攻撃に特化した「兵隊」がいるのです。

北海道大学の青木重幸《あおきしげゆき》博士（以下、所属は研究発表当時）は、タケツノアブラムシという仲間の分類研究のためにたくさんのサンプルを観察している際、腕が太く、体が頑丈な個体がいることに気付きました。青木博士は観察を重ね、タケツノアブラムシのコロニーが捕食者であるヒラタアブの幼虫に襲われたとき、これらの腕の太い個体のみが捕食者にしがみつき、頭部にある鋭い角で突き刺すことを発見しました。彼らは集団の防衛に特殊化した「兵隊」だったのです。

また、タケツノアブラムシでは一部の個体が2齢幼虫で兵隊になり、兵隊になったものはそれ以上脱皮せず、成虫にならないこともわかりました。つまり、ハチやアリのワーカーと同じように、これらの個体は繁殖せず他個体のために尽くしていることが明らかになったため、このアブラムシも真社会性であると判断されています。

カビ類の真社会性は、粘菌という一種のバクテリアに見られます。普段は一つひとつの単細胞のカビがばらばらに生活しているのですが、胞子をつくって繁殖する時期になると集合し始め、キノコのような塊をつくります。そしててっぺんの部分になったものたちだけが胞子を放出し、柄《え》の部分になったものは繁殖しないのです。協同して集団を形成し、個体が繁殖するものとしないものに分かれる性質から見て、粘菌は真社会性生物であると判断されました。また、このカビは繁殖期に集合するため動き回るので、日本の昔の博物学者、南方熊楠《みなかたくまぐす》が研究材料にしていたことでも知られています。

このように真社会性生物にも様々な社会形態がありますが、繁殖する個体としない個体が協同する特徴は共通しています。自分の子どもを残すという個体の利益になる行動をしないのに、他個体の繁殖を補助する行動をとる「利他行動」と呼ばれる行動が、真社会性生物とその他の社会性生物を区別する点です。

齟齬《そご》が生みだすユニークさ

複数の階級が協力して一つのコロニーを形成する真社会性生物は、単独で暮らす生物にはない、様々な複雑さを見せてくれます。本書ではそこから生じるたくさんの疑問への回答を試みています。

集団をつくり協力することは、「集団をいかにうまく動かしていくか」という、単独で生活する生物には起こり得ない問題を発生させます。そうはいっても彼らはムシですから、誰かが全体の状況を判断して組織をうまく動かすように命令をくだす、などといった知能ある芸当はできません。

アリなどの集団行動を観察しても、状況判断を行って全体を動かしている個体がいる様子はありません。ハチやアリには司令塔はいないのです。にもかかわらず、ハチやアリのコロニーは適当な労働力を必要な仕事に適切に振り向け、コロニー全体が必要とする仕事をみごとに処理していきます。先ほどの「集団をいかに動かすか」問題はどうやって解決しているのでしょうか？

真社会性生物の基本的なライフサイクルは次のとおりです。コロニーのなかに分散能力に優れた（多くは翅《はね》をもつ）次の世代の女王とオスが現れ、巣の外に出て交尾を行い、女王は分散して単独で新しい巣をつくり、子どもであるワーカーを育てます。ワーカーが成長すると労働を専門に担うようになり、コロニーが大きくなり、そしてまた新たな女王やオスをつくりだすのです。

この真社会性生物には「女王」や「王」と呼ばれる、子どもを生む仕事を独占している個体が必ず存在するわけですが、一方で生物の世界には「生んだ子どもの数が多いほど、その性質が広まりやすい」という基本ルールがあります。では、なぜ女王アリの生んだ子は女王でなく、子どもを生まない働きアリとして生まれ、何代にもわたって「子どもを生まずに働く」性質を伝えてこられたのでしょうか？　子どもを生まないのなら、その性質が次の世代に残らないはずなので、これは生物学の大問題なのです。

また、アリの巣を観察すると、いつも働いているアリがいる一方で、ほとんど働かないアリもいます。じゃあ、働いてばかりいるアリと比べて、働かないアリはただの怠け者なのでしょうか？　それならそんなアリが巣の中にいる必要はないのではないでしょうか？　そんなものがいる理由はいったいなんなのでしょうか？　この答は2

章でお教えします。

他にも真社会性生物では、社会をつくるがゆえに生じるメンバー間の複雑に絡み合った利害関係が、興味深い現象を引き起こしています。社会といっても、各メンバーは独立した個体ですから、人の社会と同じように集団と個体の利益のあいだにはたくさんの齟齬《そご》があります。そこで起こることは人の社会とまったく同じ、協力、裏切り、出し抜き、など悲喜こもごも。はては殺し合いから戦争まで起こります。

こういった生物学上の興味の他にも、集団をつくる生物では、身につまされるような行動がたくさん見られます。例えば、アシナガバチの女王は働きバチが巣の上で休んでいると、まるで「さっさと仕事しろ！」と言わんばかりに激しく攻撃し、エサを取りに行かせます。しかし働きバチもさるもので、巣を出ていった後、少し離れた葉っぱの裏で何もせずぼんやりと過ごしていたりします。喫茶店でさぼっている営業マンみたいですね。

そういったシビアでどこかおかしい様々な実例は、次章以降で紹介していきましょう。真社会性生物の、個体が集まって社会をつくる、という他の生物にはない特徴が、そういったユニークな生物現象を生みだしているのだということだけは、ここで押さえておいてください。

ムシの社会を覗いてみれば

この本では、社会性生物の様々な生態を紹介し、その奇妙でときにユーモラスな行動を楽しんでいただきたいと思っています。

生物としてのヒトとムシの一部は、社会をもつ点では共通性がありますが、体の構造から知能程度までまったく違う生き物です。社会性のムシは、人間にとって身につまされる切ない行動から、「そんな高度な行為が本当にこのムシたちの集団にできるのか？」と言いたくなるような複雑な集団行動、はてはヒトではあり得ないような驚くべき現象まで、実に多様な生き方を示します。

ムシは人のことなどかけらも考えずに生きていますが、人はムシの生き方から、様々に教わることが多いように感じるのです。

本書は、第1章でムシの社会に見られる集団行動の例とワーカーの働き方を見ていきます。第2章ではワーカーの個性が組織の維持にどう作用するかを考え、第3章では、いったいなんのために彼らが働くのかを、第4章では協力する個体間にも存在してしまう、個体の利益を確保するための争いを、第5章ではそれでも集団で生き延びていくことの重要性を、それぞれ解説します。

そして終章では、真社会性生物の研究から見えてくる個体と社会の関係と、科学がヒトの社会で果たす意味をまとめてみる、という形をとっています。要は、本書を通じて真社会性生物の世界を、初心者の方にもわかりやすく紹介するのが目的です。

この本は一般の方を対象にしていますから、あまりに堅苦しい専門的な説明はしません。まったく生き物を知らない方が息抜きに気軽に読んでいただくのもよいし、生物に興味のある方が読んで「へぇーそうなんだ」と思っていただければとも思います。文章も目的に合わせて、かなりくだけた調子にさせてもらいました。各章の最後には、「この章でわかったこと」を簡単に振り返っています。

私の学問的な専門分野は進化生物学にあたり、生物が示す様々な性質が「なぜ(Why)」そして「どのようにして(How)」進化してきたのかを明らかにすることを目的としています。進化生物学は医学の研究のようにすぐに成果が社会に還元できるものではありません。

しかし、社会性生物の研究は、進化生物学の研究分野では研究者の数が多い分野です。「多くの人が研究に従事している事実が、真社会性生物の面白さを示している」といえるだろうと思います。

多くの生き物好きが魅せられる真社会性生物。その一端をご紹介し、読者のみなさんの社会生活を豊かにすることに少しでも貢献できれば幸いです。

第1章

7割のアリは休んでる

アリは本当に働き者なのか

イソップの「アリとキリギリス」を引くまでもなく、アリは働き者として知られています。確かに、昼休みに公園に行けば、夏の暑い最中《さなか》にたくさんのアリたちが地上を歩き回り、エサを探しています。あなたがこぼしたアイスクリームに集まってくることもあるでしょう。あぁ、こいつらもがんばってるんだ、と思ったりするかもしれません。

でも、ちょっと待ってください。ご存じのとおり、アリの巣は地下にあり、地表でエサ探しをしているものの何十倍もの働きアリが巣の中にいます。ということは、私たちは普段、「エサ探し」という仕事のために地上に出てきている働きアリだけを見ていることになります。そりゃあ、みんな働いているわけです。しかし、地下にいるたくさんの働きアリ、そいつらもみんな働いているのでしょうか？　本当にアリは働き者なのでしょうか？　実は違います。

アリは飛ばないため、ハチに比べて観察がしやすい生き物で、巣を丸ごと飼育して観察する、という研究が昔から行われています。そういった研究により、驚いたことに、ある瞬間、巣の中の7割ほどの働きアリが「何もしていない」ことが実証されました。これはアリの種類を問わず同様です。案外、アリは働き者ではなかったわけです。

当然、「ある瞬間」だけを見ているわけですから、ずっと働いていないと断言はできません。みなさんの会社や学校でもある瞬間だけを見てみると、ある人はコーヒーを飲んでいたり、またある人は机に突っ伏して熟睡していたりと、必ずしもみんなが「働いて」いるわけではありません（あなたもこの本を、昼休みの暇つぶしに読んでいるかもしれませんね）。そうやって一時的に休んでいる人も、普通は再び働き出しますから、ある瞬間に働いていない人＝《イコール》ずっと働いていない人、という結論は出せません。アリも同じです。ずっと働いていないことを示すには、ある個体を継続的にずっと観察する必要があります。

ところが、巣の中のアリを個体識別（！）して継続的に観察しても、ず〜っと働かない働きアリ、という不届き者が存在することがわかっています。

私たちが、シワクシケアリというアリで行った最近の研究では、1ヵ月以上観察を続けてみても、だいたい2割くらいは「働いている」と見なせる行動をほとんどしない働きアリであることが確認されました。京都大学の中田《なかた》兼介《けんすけ》博士の研究では、トゲオオハリアリに生まれたときに個体マーキングをして、死ぬまで観察してみても、どう働くかは個体ごとに大きく異なっており、みなが同じようなパターンで労働するわけではないことが示されました。また、一生涯労働と見なせる行動をしないアリがいることも報告されています。

こうした働かない働きアリは、エサ集めや幼虫や女王の世話、巣の修理あるいは他の働きアリにエサをやるなどの、コロニーを維持するために必要な労働をほとんど行わず、自分の体を舐めたり目的もなく歩いたり、ただぼーっと動かないでいたりするなど、労働とは無関係の行動ばかりしています。では、こういった働かない働きアリたちは、自分がサボりたくて働かない「怠け者」なのでしょうか？

序章で紹介したように、個体の運命は集団がうまくやっていけるかどうかに大きく依存しているため、自分が働きたくないから怠けている、という働きアリばかりいる巣は、巣同士の競争に負けて滅びてしまうかもしれません。働かない社員ばかりの会社がつぶれてしまうのと同じ理屈です。

厳しい競争を生き延びられる性質だけが、将来の世代で広まっていく、というのが生物進化の大原則ですから、ずっと働かない働きアリがいること自体がなんらかの有利な性質を種にもたらしているのかもしれません。このような問題も含めて社会性昆虫の研究者たちは、コロニーの維持に必要な様々な仕事を、どのような個体がどのように処理しているのか、という研究課題に興味をもつようになりました。

このような研究は、一つの巣（コロニー）を生物の体にたとえ、体の内部で物質の処理がどのように行われるかを研究する生理学になぞらえて「社会生理学」と呼ばれています。この章ではまず、社会生理学の研究結果に基づいて、彼ら個体がコロニーという集団でどのように働いているかを見ていきたいと思います。

ハチの8の字ダンス

社会生理学の研究は、ミツバチから始まりました。ミツバチはアリと並んで私たちの生活になじみ深い社会性昆虫で、花粉や花の蜜を集めて食料にしています。ミツバチのコロニーは1匹の女王と数千〜数万匹の働きバチでなりたっており、女王は、20〜30匹ものオスと交尾することがわかっています。

野生のミツバチは木のうろなどの空間に六角形の育房《いくぼう》を並べた巣板を何枚かぶらさげ、幼虫を育てます。育房に蜜を詰めるミツバチの性質を利用し、人間は蜜を採るための家畜として彼らを飼い始めました。特にセイヨウミツバチは、はるか昔から飼育されています。人工の巣を用意してそこに巣をつくらせ、ハチが育房に溜めた蜂蜜を回収するのです。こうしてミツバチを飼い続けたヒトは、彼らが高度に洗練された集団行動を示すことに気づいていきました。

集団を制御するためのミツバチの行動でいちばん有名なのは「8の字ダンス」と呼ばれるものでしょう。

ミツバチは花から花粉と蜜とを集めてきますが、1匹ではとても運び切れない、たくさんの花が咲いている場所を見つけると、巣に帰った後、他の働きバチのいる場所で巣板の上に8の字を描くようにクルクルと回ります。すると、周りのハチたちは興奮し始め、次々に巣口から飛び立ちます。もちろん、彼らはダンスを踊ったハチが見つけた花のもとへと飛んでいくのです。

応援のハチの数が蜜をすべて持ち帰るのには足りない場合、蜜を持って帰ってきた応援のハチたちが、さらに8の字ダンスを踊ります。すると、さらに多数のハチが蜜源に向かいます。巣に持ち帰られる蜜の量がだんだんと減少してくると、8の字ダンスを踊るハチの数が減り、新たに蜜源に向かうハチの数は減っていきます。こうして、ミツバチは必要な数の働きバチを必要な場所に動員できるのです。

このような集団行動ができるからには、ダンスに花のある方角と距離についての情報が含まれており、最初のハチが他のハチにそれを伝えているからと考えざるを得ません。スイスの高名なミツバチ学者であるフォン・フリッシュ博士がさらに詳しく調べたところ、8の字がどちらを向いているのかが蜜源までの方角を、描かれる8の字の回数が蜜源までの距離を表していることがわかりました。ハチは「ダンス」という情報伝達法を使うことで、コロニー全体が必要とする労働力を調達していることがわかったのです。この業績により、フリッシュ博士にはノーベル賞が贈られています。

働かないことの意味

コロニーがこなさなければならない仕事は様々です。女王や幼虫、卵の世話、食料集め、巣の拡張や修繕、仲間の世話など、いろいろなことをやらなければなりません。そのうえ、仕事の一部はいつ何時、どれくらいの規模で必要になるか決まっていないのです。突発的に生じる仕事でも、こなせないとコロニーにとって大きなダメージになることもあります。

この点はヒトの社会も同じかもしれませんね。「突然舞い込んだ仕事のせいで残業だぜ」とぼやいたことのある方も多いのではないでしょうか。ヒトの社会もムシの社会も決まり切った仕事を決まり切ったスケジュールでこなせばよいのではなく、突然、予定外の仕事が湧いて出てくることがあるのです。

こういうことを生物学では「予測不可能性」といいます。われわれの生きている世界とは予測不可能で常に変動している変動環境なのです。この予測不可能性は生物の進化にどんな影響を与えているのでしょうか。アリの目線で見てみましょう。

例えばエサ探しは常に行われていますが、エサ自体は常に存在するとは限りません。多くのアリは昆虫の死骸が大好きですが、そのような資源はいつどこに現れるかわかりません。たとえばセミは地上に現れると7日しか生きないといわれます。鳴いているセミが力尽き、ボタリと落ちる。人間にたとえると突然松阪牛の塊が落ちてくるようなものですが、それがいつ、どこに落ちてくるかは決まっているわけではありません。

落ちてきたとしても、それを見つけることができなければ食料として手に入れられないのです。だからアリはいつもエサ探しをする個体を巣の周りのエリアに多数出動させ、突然現れるエサ資源を見逃さないようにしています。本章の冒頭で述べたように、アリが働き者であるという俗信は、私たちが、エサを探し求めて歩き回っているワーカーばかり見ているからこそ生まれてきたのです。

もちろん、たくさんの働きアリが探し回っているときほど、エサが現れたときに見つけることのできる確率は高まります。では、エサを見つける効率をあげるために、手の空《す》いた個体すべてがエサ探しに参加するべきなのでしょうか？　もちろんそうではありません。大きなエサが見つかれば多数の個体で回収しなければなりませんが、すべての個体が働いていて手の空いた個体がいないと、エサを回収するためのメンバーを動員することができませんから。

エサの出現以外にも突発的に生じる仕事はたくさんあります。例えば巣の修繕などはいつ必要になるかわかりません。みなさんも子どもの頃、アリの巣穴に土をかけて埋めたことがありませんか？　いたずらな人間の子どもがいつ来るかはわからないのです。変動環境のなかでは、「そのとき」が来たらすぐ対応できる、働いていないアリという「余力」を残していることが、実は重要なのかもしれません。

一方、とても重要なエサ探しでも、エサ自体が常に巣に運ばれ続けなければならないわけではないのです。しばらくエサが見つからなくてもコロニー全体がダメになってしまうわけではありません。もちろん、ずっとエサが手に入らなければコロニーは徐々に死滅していきますが、しばらくのあいだはエサなしでも耐えることができます。

ところが、コロニーの仕事のなかには、常に実行され続けなければならないものもあります。短期間でも途絶えるとコロニーの生存が危うくなるような仕事です。卵の世話などはそういう仕事かもしれません。卵というものはとても弱い存在のため、例えばシロアリでは、ワーカーが常に卵を舐め続け、唾液のなかに含まれる抗菌物質を塗り続けています。地中や腐った木の中に住むアリやシロアリは、すきあらば卵に寄生しようとする菌のなかで生活しているようなものですから、防菌対策がどうしても必要になります。実際、シロアリではワーカーを卵から1日引き離しただけで、ほとんどの卵にカビが生えて死んでしまいます。

卵の死は次の世代の全滅を意味しますから、もしそんなことが起こったらコロニーに与えるダメージは測り知れません。へたをすると1世代でコロニー壊滅です。したがって、卵の世話はほんの短いあいだでも途切れさせてはならない、コロニーにとって宿命的な仕事といえます。こうした仕事が存在することは、一見無駄に見える働かないアリの存在と深い関係がありますが、詳細は次章に譲りましょう。

なぜ上司がいなくてうまく回るのか

働こうが働くまいが、このようにムシの社会にはいろいろなことが起こります。予期できることもできないことも含め、処理しなければならないたくさんの仕事が湧いてきます。人間の会社なら、ある程度のことは個人の裁量で処理し、権限を越える案件は上司の決裁を仰いで処理をする、ということになりますが、上司や中間管理職のいないムシたちはどうしているのでしょう。

落ちてきたセミで考えてみましょう。セミは大きすぎるので発見した働きアリが1匹で巣に持ち帰ることは不可能です。運べる分だけかじり取って何往復もする手はありますが、時間がかかると他の動物やコロニーに横取りされてしまうかもしれません。

ここでアリが選んだ方法は仲間を動員して運ぶ、というものでした。セミを見つけたワーカーはまず巣に帰り、仲間を現場に連れていきます。これを可能にするためには、ミツバチの8の字ダンスと同じように個体間の情報伝達が必要になります。

このとき仲間を動員する方法にはいくつかの手段が知られています。いちばん原始的なのは場所を知る1匹に、もう1匹が触角で触りながら後をついていく、という方法です。この方法では一度に1個体が別の1個体しか連れていけませんので、動員効率はとても低くなります。この方法のバリエーションとして、一度に2～3匹が数珠《じゅず》つなぎになっていく方法もありますが、接触刺激による動員ではこれが限界です。

もっと効率のいい方法として、最初の個体がエサから巣に帰るときフェロモンと呼ばれる化学物質を地面につけておいて、それをたどって数十〜数百の個体が一度に現場に到達する方法もあります。こうした方法を駆使して、セミを運ぶのに必要な個体数をセミの死体のところまで連れていき、一気に運ぶという作業を行うのです。みなさんも、何匹ものアリがミミズやムシの死骸を懸命に運んでいるのを見たことがあると思います。

こうして、突発的に生じた「仕事」は無事に処理されます。人間の子どもが埋めた巣口は、やはり必要量のワーカーが動員され、流れ込んだ土を運び出して修復されます。卵の数が多くなると追加のワーカーが集まってきて、新しい卵をちゃんと舐めてやります。もちろん、生まれた子どもたちも増えた乳母によってきちんとエサをもらえます。

このような観察からわかるのは、ムシたちは新たな「仕事」が生じると、その処理に必要な数の個体が集まってきて処理してしまう、という事実です。この際、動員のためフェロモンや接触刺激による最小限の情報伝達は使われますが、人間の社会に広く見られるような上位の者から下位の者へと（あるいは逆）情報が段階的に伝わるという、階層的情報伝達システムは一切ないまま、コロニーに必要な仕事の処理が行われるのです。

もちろんコロニー全員での情報の共有も行われないことが普通です。つまり、セミが発見され、巣に運ばれたことを当のアリたち以外はまったく知らないし、その情報がその後コロニーのなかで共有されることもありません。一言でいえばムシの社会は、仕事が生じたときに全体の情報伝達や共有なしにコロニーの部分部分が局所的に反応して処理してしまう、というスタイルなのです。

人間にたとえると「体が勝手に動いて何かをやってしまう」状態に近く、夢遊病のようなものです。脳を中枢とする人体をはじめとした階層的情報伝達システムに慣れ切ったヒトから見ると、なんでそれでうまくいくのか、と不思議ですが、「コロニーにとって必要な仕事が適切に処理されているか否か」の観点から見ればなんの問題もありません。

全体的な動き方の仕組みは次章に譲るとして、まずは個体の働き方を見てみましょう。

小さな脳でなぜうまくいくのか

さて、このようなシステムを可能にするためには、まずは仕事と出合った個体がその仕事を処理するために適切な行動をとることが必要ですが、昆虫の脳はとても小さく、高度な知能的判断はできないと考えられています。したがって、ムシは仕事の刺激を受けたとき、小さな脳でも可能な単純な判断（自分一人で運べるかなど）をし、もともとプログラムされていた単純な反応で応える、というやり方をしていると考えられます。

例えば東京農工大学の真田《さなだ》幸代《さちよ》博士の研究によると、アミメアリというアリは、自分が行くエサ場で、近所の他コロニーのライバルアリと出会った場合は攻撃行動をとりますが、遠くから研究者が連れてきた、まったく出会ったことのないコロニーのアリには攻撃行動をとりません。また、いつも巣の中にいる内勤のアリは、近所のアリに対しても攻撃しないことがわかっています。

ところが、ライバルアリを覚えているアリが味方にいると、その個体が攻撃行動をとるときに警戒フェロモンを出すため、一度もライバルアリに出会ったことのない内勤アリも警戒フェロモンに反応して攻撃行動をとるのです。このことは、内勤アリは事前にプログラムされた反射行動で状況に反応している事実を示しています。

また、アリの各個体にはある程度の学習能力があって、いつも出会う近所のライバルアリのことは覚えています。しかし、エサ場に行くアリが巣の内部で内勤アリと出会っているにもかかわらず、内勤アリが外でライバルアリを攻撃しないのは、ライバルに関する情報（例えば匂い）を仲間うちで伝達し、共有するという高度な情報処理能力まではないからだと思われます。

若けりゃ子育て、年をとったら外へ行け！

個体が一生のあいだにどう仕事の内容を変えていくかにも、ある程度の共通のパターンが判明しています。ハチもアリも、非常に若いうちは幼虫や子どもの世話をし、その次に巣の維持にかかわる仕事をし、最後は巣の外へエサを取りにいく仕事をする、という共通したパターンを示すのです。こういった年齢に伴う労働内容の変化は「齢《れい》間《かん》分業」と呼ばれており、早くから注目されてきました。なぜなら、どのような齢間分業のパターンがコロニー全体の効率をあげるのか、という課題は古くからの研究テーマだったからです。

ハチでもアリでも巣の中は安全な場所です。また、すでに長く生きた個体の余命が、生まれたばかりの個体のそれより短いのは言うまでもありません。この2条件を考え合わせると、あるワーカーが生まれた場合、はじめのうちはできるだけ安全な仕事をしてもらい、余命が少なくなったら危険な仕事に「異動」してもらうことが、労働力を無駄なく使う目的に叶うことになります。つまり、年寄りは余命が短いから死んでも損が少ない、というわけです。実際に観察される齢間分業のパターン（育児―巣の維持―採餌《さいじ》）は、この予想と一致しています。

人間の常識から考えると、年とって余命が短いんだから危険な仕事をしてね、というのはひどい話です。しかし、巣の生存の確率を高め、次の世代に伝わる遺伝子の総量をできるだけ多くしたものが将来増えることができる、という進化の大原則のもとで集団をつくって生きる社会性生物たちは、集団全体の効率を高めるように進化してきており、人間からは無慈悲に見えるような行動原則もそれが合理的なら採用しているのです。

序章で述べたように、社会をつくって生きるものにとっては、個体が示す性質が直接、集団の効率に影響を与えるからこそ合理的な行動が進化していくわけですから、ハチやアリに見られる齢間分業の共通パターンも、合理的な進化の結果だといえるのです。

もっとも、ヒトが老人を敬い大切にするのも意味のあることだと考えられています。原始のヒトも部族という社会をつくって暮らす社会性生物でしたから、社会が様々な問題に直面したときに、老人の豊富な経験に基づく助言は部族全体の生存確率をあげただろうと考えられるためです。いわゆる村の長老の「さて、みなの衆！」というやつですね。したがって、すでに繁殖能力もなく、狩りや村の仕事もあまりできない老人を大切にするのはヒトにとって有利な選択だったのではないかと考えられるのです。

　これはムシと違い、高度な学習能力をもつヒトならではの齢間分業です。最近では、チンパンジーでも年老いた個体が大切にされる場合があることが発見されました。それぞれの生物学的特徴に基づき、人の倫理とムシの論理はまったく別な形に進化してきたのではないでしょうか。

アリに「職人」はいない

　また、あるアリでは、生涯の初期に出合った仕事をずっとやり続けるということを示した研究もあります。この研究では、コロニーのなかのワーカーのあいだに遺伝的な違いがほとんどない特殊なアリを使っているため、仕事への選《え》り好みは遺伝によって決まっているのではなく、「初体験」により決まったと考えられます。まだ、彼らが仕事の何を鍵に選んでいるのかはわかっていませんが、経験が仕事への取りかかりやすさに影響を与えていることは明らかです。このような特定の仕事への専従も、労働分業を生み出す機構の一つです。

ところで、人間の場合は一つの仕事をやり続けるとその仕事に熟練し、手際がよくなります。いわゆる「職人芸」というやつですが、ムシの世界でもこういうことがあるのでしょうか。

アメリカ・アリゾナ大学のドーンハウス博士らがムネボソアリで実験したところによれば、一つの仕事ばかりやり続けても、仕事の効率があがるわけではないという結果が得られています。とすると、アリでは一つの仕事をやり続けることによる熟練はなく、ある仕事への偏向は初期に何を経験したか、だけで決まっているのかもしれません。

もし、社会性昆虫の個体のあいだに特定の仕事に対する「才能」の違いがあるとすると、才能のある者を向いた仕事に振り向ける別のメカニズムがあったほうが有利になるはずです。しかしムシの場合はこのような複雑な制御をするよりも、能力差のない個体の集まりとしてコロニーがあり、誰がどの仕事をやろうともコロニーとしての効率に差が出ないようなシステムのほうが、コストがかさまないのかもしれません。

人間の世界でも、組み立て工程のような単純な作業では能力差は問題になりませんし、個々の能力を伸ばすためのコストのかかる教育もあまりなされませんが、状況に応じて適切な判断をくださなければならない組織運営のような複雑な業務については、企業は大変なコストをかけ、何年もの時間をかけて人材育成を行います。人間と違い、高度な判断力をもたずに組織を動かすムシたちは、単純なメンバーを使ってシンプルなルールで組織を動かすことを選んだのではないでしょうか。

お馬鹿さんがいたほうが成功する

前節で個体の能力の話をしました。社会性昆虫では、どうやらメンバー間の能力差というものはあまりない、ということのようですが、もっと広く組織の性質の違いを見たときに、1匹1匹のワーカーの行動特性に差が現れるということはないのでしょうか。例えば属する組織の大きさによっても働き方は異なるのではないか、という仮説です。

一口にハチ、アリといってもそのコロニーの特徴は様々です。特にワーカー数の違い、すなわちコロニーサイズの違いは相当に幅があり、最もコロニーサイズが小さいものではわずか数匹のワーカーがいるにすぎません。一方、グンタイアリやシロアリの一部では、一つのコロニーのなかに何万匹ものワーカーが存在します。

人間の社会だと、零細企業では社員数が非常に少ないため、各メンバーが様々な仕事をこなし、互いに補い合えるようになっていないとうまく仕事が回りません。一方、大企業では様々な部署はそれぞれ専門的な仕事をこなしており、互いの仕事をほとんど知らない場合もあります。営業部と開発部では意見が合わないこともしばしばですし、むやみに人員を入れ替えたりしたら大変なことになるでしょう。

アメリカ・ハーバード大学のエドワード・ウィルソン博士はアリの社会で、コロニーサイズとワーカーの行動特性の関係について様々な種を比較して議論しています。それによると、ワーカーが少ないコロニーのアリは動きがゆっくりしており、フェロモンによる動員をほとんどせずワーカーは1匹で行動する場合が多い、体のつくりが精密でボディの各パーツの狂いが少ない等の特徴が見られるそうです。

逆にいえば、ワーカーが多いコロニーを営む種類は個体の動きのテンポが速く、動員や行列形成を行い、1匹1匹を比較するとボディパーツの誤差が大きい、という特徴をもつことになります。ウィルソン博士は、ワーカーが少ない種類はより原始的な社会で、真社会性生物に進化する前にもっていた単独性の狩猟型ハチの生態的特徴を残しているのだと分析しています。

つまり、社会が複雑で、組織が大きなコロニーでは、メンバーを適材適所に素早く配置するための効率的な情報伝達法（フェロモンによる動員）が必要となり、小さい組織の場合とは逆に1匹1匹はコストのかからない粗雑なつくりで取り替えが利く存在にする、ということです。

個々の動きのテンポアップに関しては、「コロニーサイズが大きいと速く動かなければ非効率」なのか、「速く動く必要がある場合にはコロニーサイズが大きくなる」のかはよくわかっていません。ただ事実として大きなコロニーのワーカーはテンポが速い傾向があるということです。

人間の組織にたとえると、大会社ほど取り替えの利く人材を使ってスピーディーに動いている、というイメージでしょうか。

1匹1匹の動きの精密さということに関しては、別の面白い研究があります。広島大学の西森《にしもり》拓《ひらく》博士の研究グループは、仲間のワーカーのフェロモンを追尾する能力の正確さと、一定の時間内にコロニーに持ち帰られるエサ量の関係を、コンピュータシミュレーションを使って分析しました。

六角形を多数つないだ平面空間を、エサを見つけると仲間をフェロモンで動員するアリAが移動していると設定し、Aを追尾するワーカーには、Aのフェロモンを

100%間違いなく追えるものと、一定の確率で左右どちらかのコマに間違えて進んでしまううっかりものをある割合で交ぜ、うっかりもの混合率の違いによってエサの持ち帰り効率はどう変わるかを調べたのです【図1】。するとどうでしょう、完全にAを追尾するものばかりいる場合よりも、間違える個体がある程度存在する場合のほうが、エサ持ち帰りの効率があがったのです。

このようなことが起こる理由には、「間違える個体による効率的ルートの発見」という効果があるようです。正確にAの後を追う場合は、最初の個体Aが見つけてきた曲がりくねったルートを正直にたどってエサが運ばれるのに対し、間違えるものがいる場合は、最初のルートをショートカットするような効率のいいルートが発見されることがあり、持ち帰り効率があがるようだ、とのことです。今度はそのうっかりもののフェロモンを追って、新ルートが使われるわけですね。

なんと、お利口な個体ばかりがいるより、ある程度バカな個体がいるほうが組織としてはうまくいくということです。人間社会に当てはめてみると、例えば、飛び込みの営業は失敗する確率も高いが、新たな販路開拓に有効なこともある、といったところでしょうか。

昔、保険会社のコマーシャルで、「人生1回きりだから、ボクチャン失敗コワイの

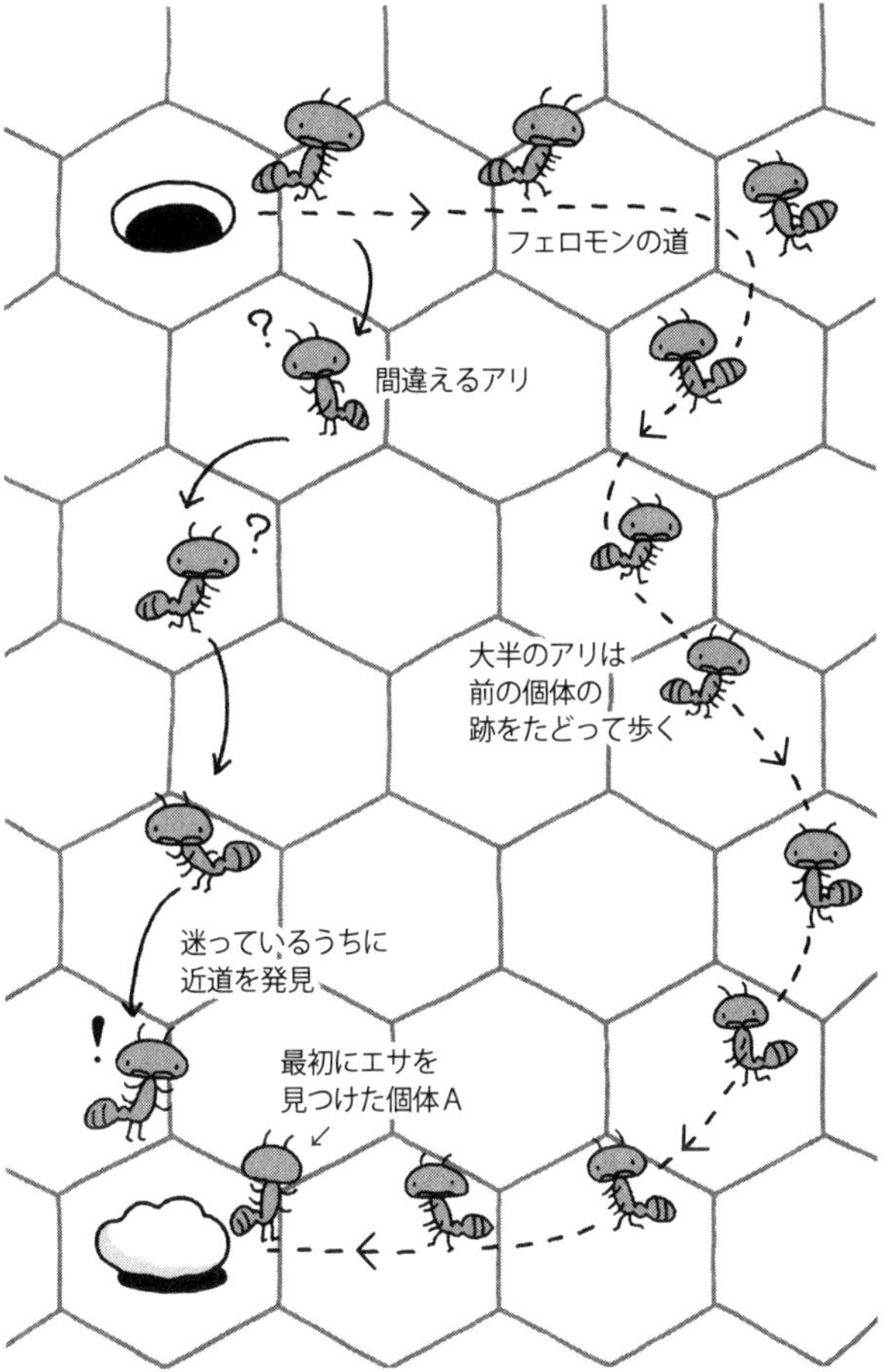

【図1】エサの場所を知るアリAのフェロモンを完全にたどるアリばかりよりも、左側のような「間違えるアリ」がいたほうが、効率のいいルートが見つかることもある。

よ。保険人生送れ〜」と歌うものがあって、私はこれを聴いてその保険を選ぶ人がいるものだろうかと思ったことがありますが、冒険のまったくない人生が味気ないように、効率ばかりを追い求める組織も、実は非効率であったりするのかもしれません（この問題については最終章でもう一度考えます）。

兵隊アリは戦わない

人間から見ると奇妙に見えるような合理性は働きアリの、形態的に異なった「階級間」の分業でも見ることができます。

オオズアリの仲間では、巨大な頭と強力な顎をもつ「兵隊アリ」という大型の働きアリが存在しますが、これらの兵隊は、大きな食べ物を運びやすいように噛み砕くのが主な仕事です。オオズアリのコロニーにチーズのかけらなどをやると、兵隊アリが次々に巣から動員されてきてチーズを噛み砕きます。兵隊アリは噛みちぎったかけらをくわえて振り向き2〜3歩行くと、それを地面に置いてしまいます。

しかし、すぐに小型のワーカーがそれを見つけて巣に運んでいきます。兵隊アリが、噛み取ったかけらをそのまま巣まで運ぶと、エサを噛み砕く効率はさがるし、大きな個体が移動してたくさんのエネルギーを消耗したあげくに同じ大きさのかけらしか巣に運べないことになって二重に不合理ですから、この階級間分業それ自体はみごとに合理的です。

一見不合理に見えるのはここからです。チーズのかけらのようなエサは、どのアリにとってもごちそうですから、他種のアリがエサを横取りしようとやってくることがあります。なんとその場合、兵隊アリは真っ先に逃げてしまうのです。最後までエサを守ろうとするのは小型の働きアリです。思わず「それでも軍人ですか！」と言いたくなるところですが、兵隊アリは大きいので、育てあげるのにも小型の働きアリよりコストがかかっており、それを多少のエサを賭けた戦いで失うのはコロニーにとって得策ではないのです。

「兵隊アリ」と名付けたのは人間の勝手でしかなく、アリはアリの都合で行動します。もちろん、グンタイアリの兵隊アリのように、巨大でかつ本当の戦闘要員である真の兵隊アリも存在します。もっとも、グンタイアリの兵隊アリは大きすぎて他の昆虫への攻撃には向いていないため、彼らは対脊椎動物専任の兵士であると思われます。同種間の争いには小型の個体があたるのでしょう。

この章では、さしたる知能のない社会性昆虫たちが、どのようにして集団を制御し、コロニーにとってメリットになる集団行動をとるかを見てきました。その過程で、情報伝達やある種の非効率性が、意味のある集団行動をつくりだすために重要であることもお話ししました。また、そもそもそうした現象は、集団の効率をあげるような個体の行動が遺伝子を残すために必要だからだ、という、集団の進化の原則にも触れました。

次章ではそれらを踏まえて、ヒトの社会の組織と対比させながら、社会性昆虫の労働原理を考えていきたいと思います。

第1章のポイント

◎7割ほどのアリは巣の中で何もしていない
◎生まれてから死ぬまでほとんど働かないアリもいる
◎卵の世話など、巣にはほんの短時間でも途切れてはならない作業がある
◎ハチもアリも、若いうちは内勤で、老いると外回りの仕事に就く傾向がある
◎一つの仕事を続けたアリでも、熟練して効率があがるわけではない
◎大きな組織に所属するアリは体のつくりが雑
◎道を間違えるアリが交ざっているほうが、エサを効率よくとれる場合がある
◎兵隊アリは喧嘩になると逃げる

第2章

働かないアリはなぜ存在するのか？

「上司」はいないアリやハチの社会

人の世の変わらぬ憂《うれ》いごとの一つに、上司の存在がありますよね。上司とそりが合わないと、職場での生活は大変つらいものになってしまいます。しかし、人の組織では上司は必須です。例えば、会社はトップダウン式になっていて、社長を筆頭に何人かの重役、部長、課長、係長、平社員とピラミッド型に人数が増えていくようになっています。下部組織のそれぞれにも司令塔（課長や係長）がいて、末端の人員の労働を管理しています。こんなこと、学者の私よりも読者のみなさんのほうがよほど実感をもってご存じでしょう。

しかし、いくら鬱陶《うっとう》しくても、上司がいないと人の組織は動きません。末端の人員は組織全体がどう動こうとしているのかを把握することができないからです。同様に、上層部も末端がどう動いているのか把握できないので、中間管理層が必要になります。こうした階層的管理システムを使って下から上に情報が伝達されるので、意思決定をする最上層部は、組織全体がどうなっているのかを把握できます。そのような階層的管理システムが働いていることを確認するために、決裁の書類には係長、課長、部長とたくさんの印が必要とされ、ハンコをもらいに社内を駆け回るのが仕事になったりします。また、上司の責任はそれだけ重くなり、上層部になるほど、判断を間違えると組織そのものの運命を大きく変えてしまいます。

翻《ひるがえ》ってアリやハチの社会はどうでしょうか。彼らのコロニーには「女王」と呼ばれる個体がいます（シロアリには「王」もいます）。しかし、女王や王は卵を生むことに特化した、いわば「生む機械」であり、コロニー全体のことが把握できるわけではありません。人間と同じように上層部が全体のことを把握したければ、下層部から上層部へそれぞれの部署が何をしているのかを伝える情報の伝達がなければなりませんが、昆虫の社会には、人の組織にあるような階層的管理システムがありません。

システムがない以上、1匹1匹のワーカーたちがコロニー全体の情報を把握して指令を出すなどということもあり得ません。しかし、アリやハチのコロニーは整然とエサを集めたり、子どもたちの世話をしたり、巣を増築したり補修したりしながら問題なく生活していきます。

前章で見てきたように、個体にはそれぞれ働くためのメカニズム、仲間を誘う仕組みがあるわけですが、組織全体を見た場合、どのようなメカニズムが適材適所に個体を配するようなコロニー維持を可能にしているのでしょうか？　第2章では、この問題を考えていきましょう。

よく働くアリ、働かないアリ

かなり単純な判断しかできないハチやアリたちのコロニーが効率よく仕事を処理していくためには、必要な個体数を必要な場所に配置するメカニズムが必要です。人間の会社では、これは上司の仕事です。しかし昆虫社会に上司はいないので、別のやり方が必要になります。このために用意されているのが「反応閾値《いきち》」＝「仕事に対する腰の軽さの個体差」です。「反応閾値」とは耳慣れない言葉ですが、社会性昆虫が集団行動を制御する仕組みを理解するためには欠かせない概念ですので、できるだけわかりやすく説明します。

例えば、ミツバチは口に触れた液体にショ糖が含まれていると舌を伸ばしてそれを吸おうとしますが、どの程度の濃度の糖が含まれていると反応が始まるかは、個体によって違っています。この、刺激に対して行動を起こすのに必要な刺激量の限界値を「反応閾値」といいます。

わかりやすく人間にたとえてみましょう。人間にはきれい好きな人とそうでもない人がいて、部屋がどのくらい散らかると掃除を始めるかが個人によって違っています。きれい好きな人は「汚れ」に対する反応閾値が低く、散らかっていても平気な人は反応閾値が高いということができます。要するに「個性」と言い換えることもできるでしょう。

ミツバチでは、蜜にどの程度の濃度の糖が溶けていればそれを吸うか、とか、巣の中がどれくらいの温度になると温度をさげるための羽ばたきを開始するかというようなことで、仕事に対する反応閾値がワーカーごとに違っている、ということが昔からわかっていました。つまり、必要とされる行動に対する反応しやすさに個体差があるのです。人間なら何人かの人がいれば、かならずきれい好きとそうでもない人が交じっており、きれい好きな人は少し散らかると我慢ができず掃除を始めてしまいます。仕事に対する「腰の軽さ」が違っているから、すぐやる人とやらない人がいるというわけです。

ミツバチに話を戻すと、ワーカーのあいだに個性が存在することがわかったので、それがなんのために存在するかについて学者たちは知恵を巡らせ、一つの仮説にたどり着きました。それは「反応閾値モデル」と呼ばれるものでした。

これは、反応閾値がコロニーの各メンバーで異なっていると、必要なときに必要な量のワーカーを動員することが可能になるとする考え方です。説明しましょう。

コロニーが必要とする労働の質と量は時間と共に変わります。先に説明したように、どれだけの働きバチを蜜源に向かわせなければならないかは、どれだけの花が発見されたかによって変わります。幼虫がたくさんいて、みなが腹を空かせている時間にはたくさんの働きバチが幼虫にエサを与える必要がありますが、幼虫が満腹している時間にはそれほどたくさんのハチが働く必要はありません。

こなさなければならない仕事の質と量にこのような時間的・空間的な変動があるとき、それに効率よく対処するにはどうしたらよいでしょう。人間なら、仕事の発生状況をマネージャーなどが把握して、人をそれぞれの現場に振り分ける、という対処をするでしょう。外回りの最中、会社から指示を受けて別の現場に急行、という経験をおもちの方もいらっしゃるかもしれません。

しかし、ハチやアリではそのような対応は不可能です。昆虫の単純な脳では、人が極度に発達させた大脳の前頭葉で処理しているような、高度な知能的判断をくだすことはとてもできません。そこで真社会性生物ができることのなかから選んだ方法（厳密にいえば自然淘汰の結果、残された行動様式ですが）は、メンバーのなかに労働に対する反応閾値の幅をもたせるというものでした。

反応閾値に個体差があると、一部の個体は小さな刺激でもすぐに仕事に取りかかります。例えば、敏感な個体は幼虫が少し空腹になった様子を察知して、すぐにエサを与えます。幼虫たちはたくさんいるので、他の幼虫も空腹になった場合、敏感なハチたちが懸命に働いても手が足りなくなるでしょう。一部の幼虫はさらに空腹になり、早くエサをくれ！とむずかりだします。つまり、幼虫の出す「エサをくれ」という刺激はだんだん大きくなっていきます。

すると、いままで幼虫に見向きもしなかったハチたちのうち、それほど敏感ではない働きバチも幼虫にエサを与え始めます。それでも手が足りなければ幼虫の出す刺激はさらに大きくなり、最も鈍感なハチたちまでエサやりを始めます。幼虫が満腹になってくると敏感なハチだけでも手が足りるようになるため、鈍感なハチから順に仕事をやめてだんだんと働き手は減っていきます。やがて全部の幼虫が満腹すると、「エサをくれ」という刺激はなくなり、どのハチも幼虫にエサを与えなくなります。

このように、反応閾値に個体差があると、必要な仕事に必要な数のワーカーを臨機応変に動員することができるのです。このメリットが、司令官をもつことができない社会性昆虫たちのコロニーに個性が存在する理由ではないかとする仮説が「反応閾値モデル」です。

怠け者は仕事の量で変身する

　また、ある個体が一つの仕事を処理していて手いっぱいなときに、他の仕事が生じた際、その個体は新たな仕事を処理することはできませんが、新たな仕事のもたらす刺激値が大きくなれば反応閾値のより大きな別の個体、つまり先の個体より「怠け者」の個体がその仕事に着手します。

　このシステムであれば、必要な個体数を仕事量に応じて動員できるだけでなく、同時に生じる複数の仕事にも即座に対応できます。しかも、それぞれの個体は上司から指令を受ける必要はなく、目の前にある、自分の反応閾値より大きな刺激値を出す仕事だけを処理していれば、コロニーが必要とする全部の仕事処理が自動的に進んでいきます。高度な知能をもたない昆虫たちでも、刺激に応じた単純な反応がプログラムされていれば、コロニー全体としてはまるで司令官がいるかのように複雑で高度な処理が可能になるわけです。

　つまり、腰が軽いものから重いものまでまんべんなくおり、しかしさぼろうと思っているものはいない、という状態になっていれば、司令塔なきコロニーでも必要な労働力を必要な場所に配置できるし、いくつもの仕事が同時に生じてもそれに対処できるのです。よくできていると思いませんか？　面白いのは、「全員の腰が軽かったらダメ」というところで、様々な個体が交じり合っていて、はじめてうまくいく点がキモです。

ミツバチの例から、このような反応閾値の個体間変異が実際に存在していることはわかっています。人間から見るとみんな同じに見えるハチやアリたちは、実はそれぞれ違う個性をもっているのです。

では、このような個性はどのようにしてつくりだされているのでしょうか。次の節ではそれを見ていきましょう。

「2：8の法則」は本当か

いままでの話で、一見みんな同じに見えるハチやアリの社会のワーカーにも個性があること、そして個性の存在がコロニー全体にとってメリットになることがご理解いただけたかと思います。みなさんはこの時点で「仕事に対する腰の軽さに個体差がある」からには、「どのくらい働くかという結果にも個体差がある」ことになるのにお気づきでしょうか。

人間のきれい好きの例で考えます。部屋がある程度汚れてくると、きれい好きな人が掃除をします。また部屋が散らかってくると掃除をするのは誰でしょう？　そう、きれい好きな人です。なぜなら、きれい好きな人はある程度以上に散らかるのが我慢できないからです。長い時間で見てみると、いつもきれい好きな人が掃除をしていて、散らかっていても平気な人はいつまでも掃除をしないことになります。人によって掃除という仕事に対する腰の軽さに差があることで、長期的に見た働きの度合いも違ってくるのです。

実はこれと同じことがハチやアリの社会でも起こっています。第1章で触れた、ずっと働かない働きアリは、なにも好んで働かないのではなく、働きたいけど鈍《にぶ》すぎて仕事にありつけない個体であると考えられるのです。このことは最初、巣の中に普通の働きアリと、頭が大きく巨大な顎をもつ「兵隊アリ」がいるアリの種において、両者を比較することで研究されてきました。

兵隊アリは普通の状態ではほとんど仕事らしい仕事をせず、労働に対して非常に反応閾値が高い（鈍い）存在であることは昔から知られていました。このような、ワーカーの形の差に基づく労働行動の違いを階級間分業（P48）といいますが、前出ハーバード大学のエドワード・ウィルソン博士は、典型的な兵隊アリをもつオオズアリの一種で、普通の働きアリと兵隊アリの比率を人工的に変えたコロニーを用いて、兵隊アリの働き方を調べました。すると、兵隊アリ率が8割以下のとき彼らはほとんど仕事をしませんが、兵隊アリが8割以上に多くなると、通常は普通の働きアリがやっている子育て等の仕事を始めることがわかりました。

つまり、彼らは働くつもりがないから働かないのではなく、なんらかの理由により、普通の働きアリがいるときには仕事をしない特徴をもつことが示されたわけです。ウィルソン博士はアリの行動をさらに詳しく観察し、どうしてこのような現象が起こるのかも明らかにしています。

博士は、オオズアリの兵隊アリには、普通の働きアリと出会うと、なぜか向きを変えて別の方向に行ってしまう性質があることを発見しました。一方、巣では日常的に女王や卵、幼虫の周りに彼らの世話をしている普通の働きアリがたくさんいます。ですから、もし兵隊アリが仕事をしようとして女王や幼虫に近づいても、まず最初に普通の働きアリに出会ってしまいます。すると兵隊アリは先に述べた性質のせいで向きを変えて、そこから遠ざかってしまうため、仕事にありつけないのです。

普通の働きアリが減って兵隊アリの割合が極端に高くなると、兵隊アリが仕事に近づいても普通の働きアリに出会わなくなり、卵や幼虫に行きついて仕事を始めるというわけです。私の研究でも、ヒラズオオアリという別種のアリで、兵隊アリ率の上昇に伴って兵隊アリが労働を開始することがわかっています。

これらの研究は、個体のあいだに存在する仕事への取りかかりやすさの違いが、普通の働きアリと兵隊アリのあいだに見られる行動の違いから説明できることを示しているように見えます。これは兵隊アリという特殊な形に進化したアリだからこその働き方なのでしょうか。はたして普通のアリでも同じようなことが起こっているのでしょうか。

私たちがシワクシケアリという、働きアリがみんな同じ形をしているアリを使って行った最近の研究が、その疑問に答えています。7つのコロニーを野外から採集して、1匹の女王と150匹の働きアリからなる実験コロニーをつくりました。すべての働きアリを個体識別できるようにマーキングし、1ヵ月間すべての個体の行動を1日に3回ずつ記録しました。

1ヵ月後、働きアリごとに記録を集計し、仕事をしていた割合を計算しました。結果、すべてのコロニーで、働きアリごとに仕事をしていた割合が大きく違っており、ほとんど何もしていない「働かない働きアリ」から、観察された行動の9割以上が仕事であるような「よく働く働きアリ」まで幅広くいることがわかりました。

次に実験の第2段階として、「よく働く」30匹の働きアリを残すコロニーを3つ、「働かない」30匹を残すコロニーを4つつくり、女王と共にさらに1ヵ月飼育観察し、どうなるかを調べました。すると、働くアリだけを選抜したコロニーも、働かないアリだけを残したコロニーでも、やはり、残された個体は一部がよく働き、一部はほとんど働かないという、元のコロニーと同じような労働頻度の分布を示すことがわかりました。

このように、働くものだけを取り出してもやはり一部は働かなくなる、という現象は、人間における社会学の領域で「2：8の法則」とか「パレートの法則」と呼ばれており、まことしやかな伝説としてはとても有名ですが、少なくともシワクシケアリの世界では実在する現象だったわけです。

原因はやはり働きアリのあいだに存在する、仕事への反応性の個性のせいだと考えられます。最初のコロニーは反応性の高いものから低いものまで多数の個体が存在するので、仕事に反応するものは反応閾値の低い一部で、それだけが「よく働く働きアリ」として観察されました。極端な個体を抜き出したコロニーも、やはりその個体のあいだには仕事に対する反応性の違いが少しではあるけれど残っています。したがって、働くもの、働かないものだけにされてもやはり一部が働き、一部は働かないようになってしまうのです。シワクシケアリの実験結果は完全にこの予測パターンと一致しますから、兵隊アリのように形の差がない働きアリ同士であっても反応閾値の差は存在し、それによる集団行動の制御機構があることが推察されたわけです。

ちなみに、私たちが最初に「働きアリの2割ほどはずっと働かない」という結果を学会で発表したところ、ある新聞がそれを記事にしました。すると翌日「――働きアリの2割働かず――この研究やった人ヒマだよね」という読者の投稿ジョークが紙面に載り、思わず笑ってしまいました（本当におかしかった）。

実際は1日に7〜8時間の観察を2ヵ月以上続けるというハードな研究で、観察を担当した1名は疲労から途中で点滴を打ちながら観察を続け、血尿まで出した、という大変な実験だったからです。まさに血の滲《にじ》む思いで遂行された研究なので、いまこうして本にまでなると、感慨深いものがあります。

遺伝で決まる腰の軽さ

この反応閾値の違いは、一部の種では遺伝子の差に由来していることもわかってきました。

ミツバチのコロニーには女王は1匹しかいませんが、その女王は20～30匹くらいのオスと交尾していることがわかっています。コロニーにいる数万匹のワーカーは、みんな同じ母親の子どもであっても、父親が違っている可能性があるわけです。父親も同じであるワーカーたちは「父系を共有している」といいますが、何十匹ものオスと交尾しているミツバチのコロニーのなかには、女王が交尾したオスの数だけ父系があるというわけです。

ミツバチのワーカーが「腰の軽さ」ごとにいくつかのグループに分かれることは先に述べたとおりですが、今度は父系に着目して遺伝的分析を続けると、それぞれのグループが同じ父系に属していることがわかってきました。つまりミツバチでは、反応閾値が遺伝子型によって決まっていると解釈できたのです。

ミツバチのコロニーは社会性昆虫としてはかなり大きく、コロニーが必要とする仕事も多種多様です。前節で説明したように、様々な仕事を同時に効率よく処理するためにはコロニー内の反応閾値の変異を大きくしておく必要があります。するとコロニー内に多様な反応閾値を示すグループが必要になり、それを保持するために、女王は多数のオスと交尾して、それぞれの反応閾値をワーカーに継承させる必要があるわけです。

一方で、次の世代により多くの遺伝子を残すほうが有利、という進化の原則から見ると、コロニー内の遺伝的多様性は低いほうが有利です。ワーカーから見て、自分が育てるすべての子どもが同じ父母をもつほうが、次の世代の女王への血のつながりが濃くなり、自分の遺伝子が伝わる量が増えるからです。にもかかわらずミツバチの女王が多数回交尾を行い、ワーカー間の平均的な血のつながりの濃さを、あえてさげる理由はなんだろうか、という疑問は昔からあったのですが、その答の一つが反応閾値の変異を高く保つためであったのかもしれません。

いくら遺伝子がよく伝わっても、コロニー全体が滅びやすくなってしまってはその有利性も相殺《そうさい》されてしまうので、ミツバチの極端な多数回交尾の進化は、反応閾値のばらつきがコロニーにおける労働配分にいかに効果的かを示しているのではないでしょうか。お母さんが「多情」なほうが一族は繁栄するといったところです。この点に関しては次節で研究例を紹介します。

この他に、社会性昆虫としては巨大なコロニーをもつグンタイアリの仲間やハキリアリの一部も極端な多数回交尾をするよう進化しています。仕事処理の複雑化と遺伝支配による反応閾値の多様化の関係は、注目される研究テーマの一つです。

たくさんのオスと交尾しているミツバチは、豊かな個性をコロニーのなかにつくりだしているのですが、それがなんの役に立つのかはこれまでなかなか説明できませんでした。「理論としては考えられていても、それが本当に機能しているのかどうかが、実際の生物ではなかなか確かめられない」というのは生物学の研究によくあるジレンマです。しかし最近、ミツバチの巣の温度制御に関して行われた研究が、みごとに多数回交尾によって反応閾値の変異を保持することの重要性を立証しました。

「やるやらない」はどう決まる

ミツバチは巣箱という閉鎖空間の中に巣をつくりますが、巣の温度が高くなりすぎたときには巣板の上にいるハチが羽ばたきを始め、空気の流れを起こして巣の空気を入れ替え、巣の温度をさげることがわかっています。それぞれの個体がどのくらいの温度から羽ばたきを開始するのかは遺伝的に決まっており、たくさんのオスと交尾した女王のいる巣では様々な温度から羽ばたきを開始する個体が交ざった状態になっています。

オーストラリアのシドニー大学のジョーンズ博士たちは、ミツバチの女王に人工授精ができることを利用して、1匹のオスの精子だけで人工授精した女王のコロニーと、野外で複数のオスと交尾した女王のコロニーで、巣の温度を変えたときの温度調節能力を比較しました。すると、働きバチの遺伝的多様性が高い野生コロニーでは、羽ばたきを開始する温度に個体差があるため、かなり低い温度から羽ばたきが始まり、温度が高くなるにつれて多数のハチが羽ばたくようになりました。これは温度の変化に対して、よりきめの細かい対応ができることを意味しています。

1匹のオスの精子しかもたない女王のいるコロニーでは、働きバチたちは温度上昇に伴って羽ばたきを開始するものの、羽ばたく温度帯は野生コロニーよりずっと限られた範囲でしかありませんでした。つまり複数のオスと交尾している女王のいるコロニーは、1匹のオスの精子しか伝えていない女王のコロニーと比べて、巣の中の温度を常に一定の範囲に保てることがわかったのです。ミツバチの幼虫は温度が高すぎると成長が悪くなるため、温度の変動を、幼虫の成育に好適な一定の範囲に保てる野生コロニーは、人工授精された遺伝的多様性の低いコロニーよりも効率よく繁殖できることになります。したがってミツバチにおいては、コロニーに見られる多様な個性の存在がコロニーの成長にとってメリットになると証明されたわけです。

「ミツバチにおいて」……そう。実は現在までの研究ではまだ、ミツバチ以外の動物で多数回交尾に基づく反応閾値の多様性の有利さが実証された例はないのです。したがって社会性生物の集団行動を制御する要因が遺伝だけかどうかは、よくわかっていません。むしろ多くの社会性昆虫で女王の交尾は1回であり、コロニーのなかの遺伝的多様性は低いと考えられています。しかし、それらの昆虫でも反応閾値の多様性による労働配分が行われている以上、遺伝以外の要因でも反応閾値の違いが生みだされている可能性があります。次の節では遺伝以外の要因についてわかっていることを見ていきたいと思います。

経験や大きさで仕事は決まる

仕事への取りかかりやすさ（反応閾値）の変異があると、様々な仕事が個体のあいだにうまく配分され、ワーカーのスムーズな分業が可能になることは見てきました。コロニー内で同時進行すべきたくさんの仕事の分担はどうなっているのでしょう。

これについては、仕事Aに対する反応閾値が同じ値のワーカー同士でも、仕事Bに対する反応閾値は違っていることで対処できるようです。ミツバチで研究例があり、複数の仕事のあいだの反応閾値の傾向は一定ではない、つまり、仕事Aに対して腰が軽い個体が仕事Bに対しても腰が軽いとは限らないことがわかっています。ということは、仕事Aへの反応閾値が父親からの遺伝だとしても、仕事Bへの反応閾値の差は必ずしも父系の違いからくるわけではないかもしれないのです。ミツバチの仕事による反応閾値の不揃いの原因が何かはまだよくわかっていませんが、いくつかの仮説を検証するための研究が進められています。

また、アリのなかには、一般に「兵隊アリ」と呼ばれる大型のワーカーがいる種類がいくつかあります。兵隊アリは幼虫の世話や巣のメンテナンス、エサ集めといった通常のワーカーがやる仕事はほとんどしない、巣の防衛や腹の中へのエサの貯蔵といった特殊な仕事の専門家です。小型と大型の個体のあいだで分業が成立しているわけですが、前に説明したとおり、この分業が成立する基盤には、大型が小型と出会うと方向転換する、という性質がありました。このことは、分業がうまくいくためには、「反応閾値」と呼ばれるものが、必ずしも生理的に決まっている必要はなく、行動によって制御されていてもいいことを示しています。

つまり、生理的にはまったく同じ量の仕事刺激に反応できる場合でも、仕事への出会いやすさが異なるとその仕事をどのくらいやるかが異なることになり、反応閾値が違っているのと同じ効果をもたらすはずです。大きくてゆったり動くから仕事にありつけない、それもまた個性と見なすわけです。

私たちが研究したシワクシケアリでは、オオズアリのようにはっきり形の違う兵隊アリがいるわけではありませんが、やはり相対的に大型の個体のほうが働きません。

私たちは、個体の大きさによるスピードの違いが仕事への出会いやすさの違いをもたらし、労働頻度の違いにつながるのではないかと考えていますが、その辺はまだよくわかっていません。ともあれ、反応閾値の変異による労働配分の制御は、いままで考えられているよりも複雑だといえそうです。

ハチやアリにも過労死が

さてここまで、ワーカーのあいだに存在する「仕事に対する反応性の違い」が、コロニーのなかに働く個体と働かない個体をつくりだすことを見てきました。それがもって生まれた個性とはいえ、働いてばかりいる個体は疲れてしまったりしないのでしょうか？　――それはやはり疲れるでしょう。

1年でコロニーが終わってしまうアシナガバチやスズメバチのような一部のハチは別にして、ミツバチやアリのように何年にもわたってコロニーが続く種類では、女王がワーカーに比べてとても長生きであることが知られています。確認されている例では、オオアリの一種で女王が20年以上生き続けたという記録があります。これは昆虫では最も長寿な例であり、働きアリの寿命は長くても3年くらいですので、女王がいかに長生きかがわかります。残念ながらワーカー個々の寿命の違いと労働の量を関連づけて調べた研究がなく、データはありません。しかし経験的な例から、働いてばかりいるワーカーは早く死んでしまうらしいことは推察されています。

少し前までは野菜のハウス栽培で、花を受粉させて結実させるのにミツバチが使われていました。ところが、そうやってハウスに放たれたミツバチはなぜかすぐに数が減り、コロニーが壊滅してしまうのです。ハウスではいつも狭い範囲にたくさんの花があるため、ミツバチたちは広い野外であちこちに散らばる花から散発的に蜜を集めるときよりも多くの時間働かなければならず、厳しい労働環境に置かれているようです。この過剰労働がワーカーの寿命を縮めるらしく、幼虫の成長によるワーカーの補充が間に合わなくなって、コロニーが壊滅するようです。

実験的に検証された結果ではありませんが、ハチやアリにも「過労死」と呼べる現象があり、これはその一例なのではないかと思われます。自然の条件下では、すべての個体が過労にならないとしても、労働頻度と寿命のあいだには関係があるかもしれません。

みんなが疲れると社会は続かない

植物と違って、目に見えるような速さで動く動物はそもそも、動作の際に筋繊維を伸び縮みさせて動いています。筋繊維が収縮するときに出る乳酸という物質が分解されるには時間がかかるため、すべての動物は動き続けると乳酸が溜まり、だんだん疲れていきます。急な運動をすると筋肉痛になりませんか？　そう、筋肉痛というやつは、溜まった乳酸が分解されるときに生じる中間物質が発生させるといわれています。年をとると筋肉痛を感じるタイミングが遅くなるのは、代謝が低くなり乳酸が分解されて疲労が回復するスピードが落ちるからでしょう。

つまり動物は動くと必ず疲れるし、疲れを回復させるには一定期間、休息をとらなければならないのです。これは動物が筋肉で動いている限り、逃れることのできない宿命です。昆虫も筋肉で動いていますから、当然この宿命からは逃れられません。昆虫も疲れるはずです。実際、ハチを無理矢理羽ばたかせて、羽ばたきの時間と筋肉中の乳酸量の関係を見ると、たくさん羽ばたかせるほど乳酸量が増えていくことがわかっています。疲れれば正確に動くことができなくなりますから、仕事の処理能力もだんだん落ちていくでしょう。

しかし、アリやハチで分業や反応閾値の問題を考えた研究は多いのですが、不思議なことに、動物の宿命である疲労が分業や労働パターンに与える影響を考えた研究は、いままでありませんでした。きっと機械のように動くムシたちも疲れるなど、想像できなかったのではないでしょうか。

私たちは個体の疲労とコロニー維持の関係に注目した実験をしました。するとそこでも反応閾値の差が、コロニーの繁栄を支えていることがわかったのです。

ムシも疲れるとなると、様々な仕事をこなさなければならないコロニーは、メンバーをどのように働かせるべきなのか？　これはまったく新しい観点の研究テーマといえます。私たちは、コロニーメンバーの反応閾値がみな同じで、刺激（仕事）があれば全個体がいっせいに働いてしまうシステムと、実際のアリやハチの社会のように反応閾値が個体ごとに異なっていて、働かない個体が必ず出てくるシステムの双方で、疲労のあるときとないときの労働効率を比較してみました。さらにそれぞれの状況で、コロニーの存続時間を比較するのです。

こうしたことは現実のムシでは調べられないため、コンピュータのなかに仮想の人工生命をプログラムしたシミュレーションによって調べます。その結果、予想どおり、疲労の重さに関係なく全員がいっせいに働くシステムのほうが単位時間あたりに処理できる仕事量は常に大きいことが示されました。より多くの個体が働くのですから当然ですね。つまり、やはりみんながいっせいに働くほうが常に労働効率はいいのです。

しかし、しかしです。仕事が一定期間以上処理されない場合はコロニーが死滅する、という条件を加えて実験をすると、なんと、働かないものがいるシステムを持つほうが、コロニーは平均して長い時間存続することがわかったのです。第1章で述べたように、卵の世話などは短い時間でも行わないでいるとコロニー全体に大きなダメージを与える仕事ですから、この仮定はそれほど無理のあるものではありません。

なぜそうなるのか？　働いていたものが疲労して働けなくなると、仕事が処理されずに残るため労働刺激が大きくなり、いままで「働けなかった」個体がいるコロニー、つまり反応閾値が異なるシステムがある場合は、それらが働きだします。それらが疲れてくると、今度は休息していた個体が回復して働きだします。こうして、いつも誰かが働き続け、コロニーのなかの労働力がゼロになることがありません。

一方、みながいっせいに働くシステムは、同じくらい働いて同時に全員が疲れてしまい、誰も働けなくなる時間がどうしても生じてしまいます。卵の世話などのように、短い時間であっても中断するとコロニーに致命的なダメージを与える仕事が存在する以上、誰も働けなくなる時間が生じると、コロニーは長期間の存続ができなくなってしまうのです。

つまり誰もが必ず疲れる以上、働かないものを常に含む非効率的なシステムでこそ、長期的な存続が可能になり、長い時間を通してみたらそういうシステムが選ばれていた、ということになります。働かない働きアリは、怠けてコロニーの効率をさげる存在ではなく、それがいないとコロニーが存続できない、きわめて重要な存在だといえるのです。

重要なのは、ここでいう働かないアリとは、のちの第4章で紹介するような社会の利益にただ乗りし、自分の利益だけを追求する裏切り者ではなく、「働きたいのに働けない」存在であるということです。本当は有能なのに先を越されてしまうため活躍できない、そんな不器用な人間が世界消滅の危機を救う――とはなんだかありがちなアニメのストーリーのようですが、シミュレーションはそういう結果を示しており、私たちはこれが「働かない働きアリ」が存在する理由だと考えています。

働かないものにも、存在意義はちゃんとあるのです。

規格品ばかりの組織はダメ

見てきたように、ムシの社会が指令系統なしにうまくいくためには、メンバーのあいだに様々な個性がなければなりません。個性があるので、必要なときに必要な数を必要な仕事に配置することが可能になっているのです。このときの「個性が必要」とは、すなわち能力の高さを求めているわけではないのが面白いところです。仕事をすぐにやるやつ、なかなかやらないやつ、性能のいいやつ、悪いやつ。優れたものだけではなく、劣ったものも交じっていることが大事なのです。

性能のいい、仕事をよくやる規格品の個体だけで成り立つコロニーは、確かに決まり切った仕事だけをこなしていくときには高い効率を示すでしょう。しかし、ムシの社会も、いつ何が起こるかわかりません。高度な判断能力をもたず、刺激に対して単純な反応をすることしかできないムシたちが、刻々と変わる状況に対応して組織を動かすためには、様々な状況に対応可能な一種の「余力」が必要になります。その余力として存在するのが働かない働きアリだといえるでしょう。

ただし何度でも強調したいのは、彼らは「働きたくないから働かない」わけではない、ということです。みんな働く意欲はもっており、状況が整えば立派に働くことができます。それでもなお、全員がいっせいに働いてしまうことのないシステムを用意する。言い換えれば、規格外のメンバーをたくさん抱え込む効率の低いシステムをあえて採用していることになります。しかしそれこそが、ムシたちの用意した進化の答えです。

翻《ひるがえ》ってヒトの社会ではどうでしょうか。企業は能力の高い人間を求め、効率のよさを追求しています。勝ち組や負け組という言葉が定着し、みな勝ち組になろうと必死です。しかし、世の中にいる人間の平均的能力というものはいつの時代もあまり変わらないのではないでしょうか。それでも組織のために最大限の能力を出せ！と尻を叩かれ続けているわけです。昨今の経済におけるグローバリズムの進行がその傾向に拍車をかけています。

余裕を失った組織がどのような結末に至るのかは自明のことと思われます。大学という組織においても、近年は「役に立つ研究を！」というかけ声が高くなっていますし、私の研究など真っ先に「行政改革」されてしまいそうです。しかし、特定の目的に役立つ研究は本来、公立の研究機関（農業試験場など）がそのために設置されているのであり、大学の社会的役割の一つには、基礎的研究を実行し、技術に応用可能な新しい知識を見つけるというシードバンク（苗床《なえどこ》）としての機能があったはずです。

例えば十数年前に大騒動を引き起こした狂牛病（＝ＢＳＥ）。この病原体は、もともと神経細胞に存在するプリオンというタンパク質が変異したものだと考えられていますが、プリオン自体はそれまでなんの役に立つかわからないものだったので、ごく少数の基礎研究者がその研究を行っていたにすぎませんでした。ところが、ひとたび狂牛病が現れ、プリオンに関する応用研究が必要になったとき、その基礎研究者たちが見つけておいた知識がおおいに役に立ちました。言い換えれば、何が「役に立つのか」は事態が生じてみるまでわからないことなのです。

したがって、いまはなんの役に立つかわからない様々なことを調べておくことは、人間社会全体のリスクヘッジの観点から見て意味のあることです。そういう「有用作物の候補の苗床」としての機能は大学以外に担う機関がなく、大学という組織の重要な社会的役割の一つであると、私は考えています。

その力を弱めることで、国家にとって長期的にどのような影響があるのか。興味深いところですが、その話は最終章にとっておきましょう。ともあれ、良きも悪《あ》しきも様々な個性が集まっていないと組織がうまく回らない、ということは覚えておいてください。

ところで、それそも社会性の生き物たちは、なぜそんなにまでして社会をつくらなければならないのでしょうか？　自分が子どもを生むのをあきらめてまで「なぜ」他者のために働くのでしょうか。次章ではその謎に迫ってみたいと思います。

第2章のポイント

◎ハチやアリには刺激に対する反応の違いという「個性」がある
◎個性があるから仕事の総体がまんべんなく回り、コロニーに有利
◎仕事が増えると働かないアリも働くようになる
◎働かないアリは鈍い、むしろ「働けないアリ」である
◎疲労という宿命があると、働かないアリのいる非効率的なシステムのほうが長期間存続できる

第3章 なんで他人のために働くの？

子を生まない働きアリの謎

第2章までで、アリやハチが「管理職」のいない社会で、コロニーが必要とするだけの労働力をどうやって調達しているか、彼らが集団として、刻々と変わる状況にいかに柔軟に対応しているかを見てきました。この章ではちょっと視点を変えて、そもそも他者のために自らを犠牲にして働くようなワーカーはどうして存在するのか、つまりなぜアリやハチなどが真社会性に進化したのか、ということを考えてみたいと思います。

進化の法則は単純で、より多く子どもを残せるような性質をもつものは、その後の世代で数が増えていき、最終的にはそのような性質をもつものばかりが残る、という理屈です。進化論のこの原則は、ダーウィンにより「自然選択」と名付けられ、その後の多くの生物学者が、自然選択の存在やその働き方を研究してきました。

ダーウィンの時代にはキリスト教の「すべての生物はその生息環境に合わせた形に神が創ったものである」という考えが一般的だったので、進化論はそれを正面から否定する、とんでもない思想でした。そのため慎重なダーウィンは、様々な生物の様々な性質が、自分の自然選択説でいかにうまく説明できるかという証拠を集め続けました。自然選択説を説明した彼の著書『種の起源』が発表されたのは、ダーウィンが高齢になってからのことです。しかしこれほど慎重なダーウィンの検討にもかかわらず、社会性昆虫の存在は彼の自然選択説では説明できない例として紹介されています。

アリ、ハチ、シロアリなどの真社会性昆虫は、女王が産卵し、その卵をワーカーたちが育てる集団生活をすることはいままで述べてきたとおりです。ところが、ワーカーは特別な場合を除いて自らの子どもを残さないので、「子を生まずに働く」という性質がどのように次の世代に伝わるのかが説明不能です。

すなわち、①生物は親に似た子どもを残す、②生まれた子どものあいだには少しずつ性質の違いがある、③性質の違いにより子どもの残しやすさに差がある、という3原則からなりたつ自然選択説では、最初の条件①がなりたたないため、真社会性の進化を説明できないのです。この問題はとても大きな謎で、『種の起源』が発表された1859年からその後100年以上にわたって、説明不能のまま残されてきたのでした。

血縁選択説の登場

この大問題に理論的な解答を与えたのはW・D・ハミルトン博士で、1964年に論文が公表されています。ハミルトン博士の説明は次のようなものでした。

(1)真社会性昆虫の女王とワーカーは親子である場合がほとんどであり、遺伝的には同一の遺伝子をもっている可能性がとても高い。

(2)子が親を手伝うことで、親が残せる子どもの数が大幅に増えるとしたら、子が自らは産卵しないとしても、子のもつ遺伝子は次世代に兄弟姉妹を通して伝わっていくだろう。

(3)もし、子が独立して自分の子どもを残すよりも、親を手伝うことにより、血縁者(兄弟姉妹)を通してもっと多くの遺伝子を将来の世代に残せるのなら、真社会性は自然選択説にのっとって進化するはずだ。

この考えは、「進化は将来の世代に残る遺伝子数を最大化するような形で起こる」という自然選択説とまったく矛盾しません。またこの説は、血縁者を通したほうが自分が子どもを生むより自分の遺伝子を多く残せるとしているため、特に「血縁選択」

と呼ばれます。

生物学ではこうした、子孫を残し、自分の遺伝子を残し得る度合いを「適応度」といいます。が、ハミルトン博士が唱えた適応度は従来とは異なり、自分が生む子どもが直接伝える遺伝子以外に、自分が間接的にかかわった血縁者が伝える遺伝子数の増加も包括的に考慮に入れるため、特に「包括適応度」と名付けられました。つまり、包括適応度とは、相手を助ける行動（利他行動）をしたときの、行為のやり手自身の直接適応度の増え方と、行為を受けた相手が増やす適応度（間接適応度）の合計に着目する考え方なのです。

アリやハチにとっては、血縁他者を助ける（利他行動をする）ときの包括適応度が、単独で子を生む（過去にはアリやハチのすべてのメスが子を生めたと考えられており、現在でもワーカーが単為生殖することは稀《まれ》にあります）よりも多くの遺伝子を伝えられるのなら、それが真社会性を選ぶメリットになるわけです。これをハミルトン博士は「$br-c>0$」という関係式で表現しました。bが、相手（女王）を助けることによって相手の生む子どもの数が増える量、rは自分と相手が遺伝子を共有している度合い（血縁度）、cが相手を助けなかった場合に自分が生める子どもの数の変化分です。血縁の濃い（r）女王を助ける（b）ことが、自分の子が減る（マイナスc）よ

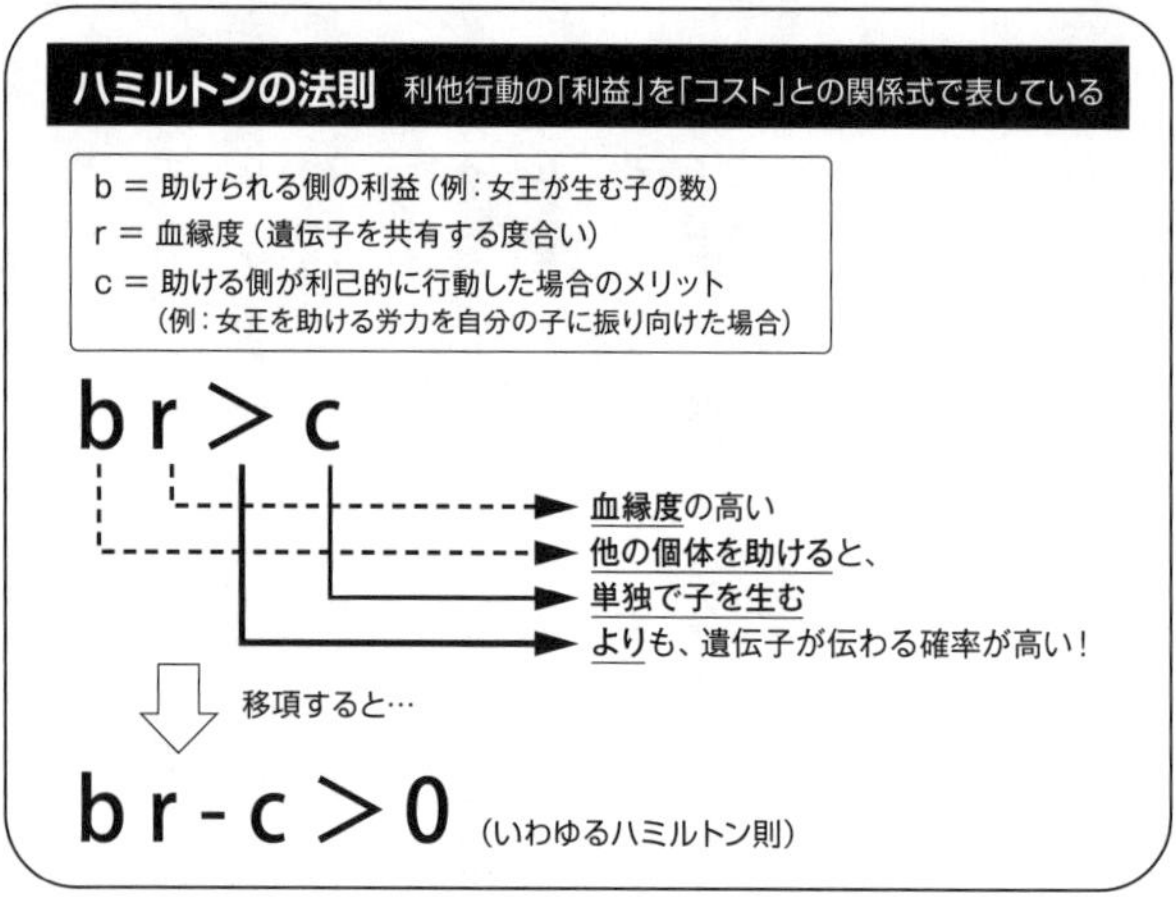
ハミルトンの法則　利他行動の「利益」を「コスト」との関係式で表している
b = 助けられる側の利益（例：女王が生む子の数）
r = 血縁度（遺伝子を共有する度合い）
c = 助ける側が利己的に行動した場合のメリット
（例：女王を助ける労力を自分の子に振り向けた場合）
br > c
血縁度の高い
他の個体を助けると、
単独で子を生む
よりも、遺伝子が伝わる確率が高い！
移項すると…
br - c > 0（いわゆるハミルトン則）

りも、トータルとしてプラスになる（0より大きい）ことを示す式ですね。この関係は「ハミルトン則」と呼ばれています。

血縁選択説の登場により、真社会性の進化は自然選択説と矛盾しないものとして説明することが可能になりました。これだけでも充分大きな出来事なのですが、ハミルトン則が真社会性生物の研究者のあいだに大きなインパクトを与えたのは、むしろ間接適応度の計算に必要な血縁度という概念の導入のほうだったのです。「血の濃さ」に注目するとは！

この論文が公表された当時は、真社会性の生き物はアリやハチ、そしてシロアリしか知られていませんでしたが、アリとハチは同じ膜翅目《まくしもく》（ハチ目）という昆虫の分類群に属しており、メスだけが働きます。シロアリはまったく異なる等翅目《とうしもく》（シロアリ目）というゴキブリに近い仲間で、メス・オス共に働きます。

シロアリでは真社会性への進化が起こったのは1回だけと考えられていますが、膜翅目では原始的なハチが、現在見られるハナバチ、カリバチ、アリ、ハバチ、キセイバチなどの様々な分類群へと系統樹上で分化していくあいだに、なんと計11回、独自に真社会性への進化を遂げた（＝階段をのぼった）と考えられています。ミツバチ、アシナガバチ、アリの真社会性も同様です。膜翅目ではなぜこんなに何度も真社会性への進化が起きたのか？　ハミルトン博士の目的は、血縁選択の概念を提示すると同時に、この問題に答を与えることでした。

わが子より妹がかわいくなる4分の3仮説

博士の考えを理解するためにはまず、膜翅目が性を決定するシステム（性決定様式）について知る必要があります。

われわれヒトやシロアリなどの大多数の生き物は「倍数倍数性」という性決定様式

を有しており、オス、メス共にゲノム（ある生物の頭の先から足の先まですべてつくるために必要な一揃いのDNAのセット）を二組ずつもっています。中学の生物の授業で、ヒトの染色体数の表し方を「2n＝46」と習わなかったでしょうか。これは、2nによってゲノムが何組あるかを示し、46によって、ゲノム二組で46本（つまり一組では23本）の染色体をもつことを表す表記法です。さらに、ヒトの場合、23番目が性を決めるための性染色体になっており、これが同じタイプを二つ（XX）もつと女に、異なるタイプを一つずつ（XY）もつと男になるようになっています。

ところが、アリやハチなどの膜翅目は「単数倍数性」と呼ばれる特殊な性決定様式をもっており、父と母の両方のゲノムをもつ受精卵（2倍体）からはメス（2n）が、ゲノムを一組しかもたない単数体の未受精卵（女王が精子による受精をしないで生む卵）からはオス（n）が生じます。オスはメスの半分量しかゲノムをもっていないのです。

難しくなってきたので図を使って説明します。【図2】は単数倍数性の生き物の家系図と、そのときに子どもに伝わるゲノムのタイプを表したものです。母親（ハチだと女王バチ）は娘（働きバチ。図2の「自分」）と息子（オス）の両方に自分のゲノムの半分を伝えます。つまり娘と息子が母親の遺伝子を共有している度合い（血縁

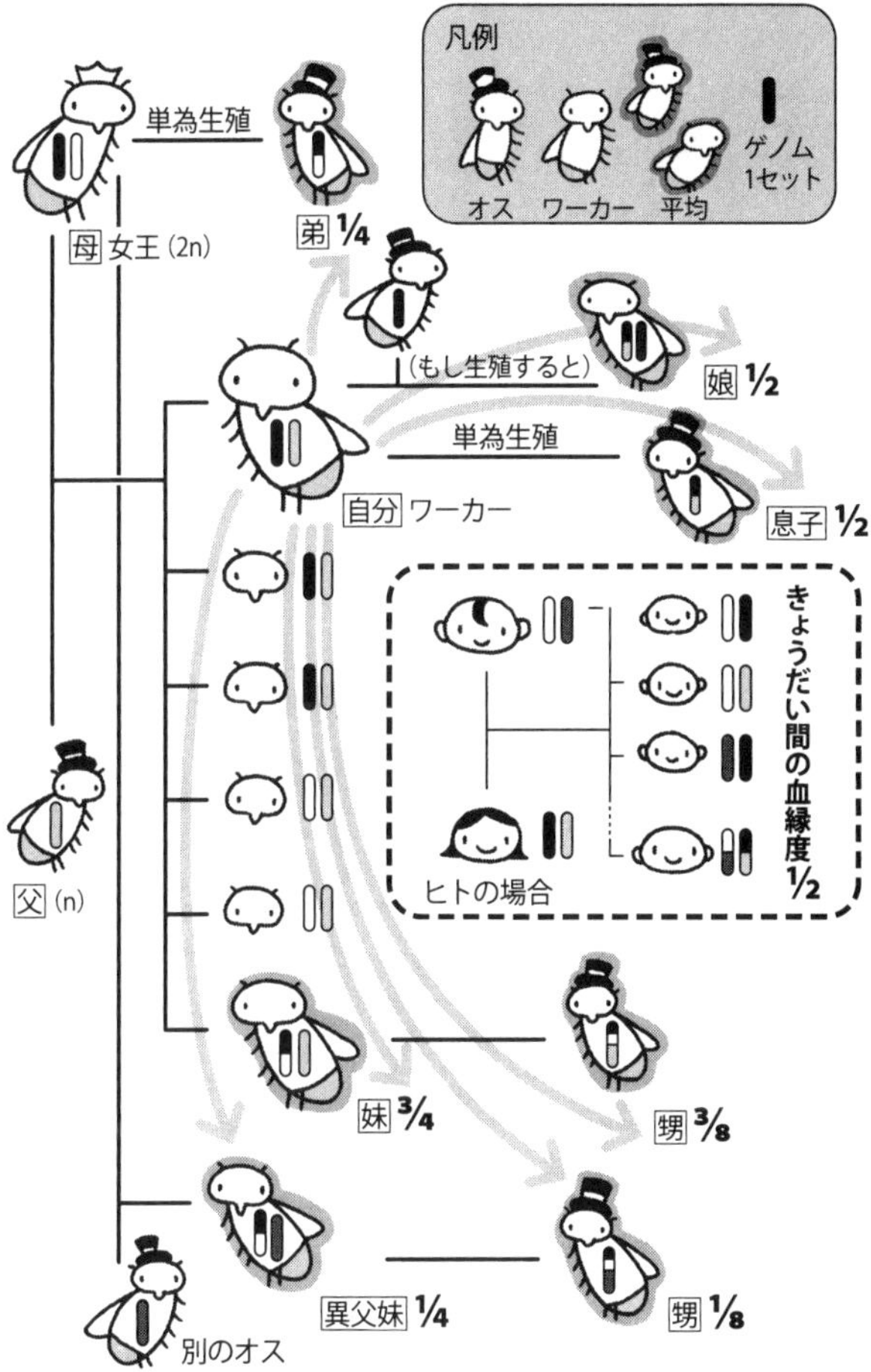

【図2】「4分の3仮説」の根拠となる、ハチの家系図。単数倍数性の生物の場合、左上方の「自分」から見て「血の濃い」順は妹が最大となり、子ども・親、弟と続く。

度）はどちらも2分の1です。それに比べて妹（ワーカー、もしくは次世代の女王）は、父親から来るゲノムをすべて共有しているうえに、母親から来るゲノムの半分も共有しているので、娘から見た妹は合計で4分の3のゲノムを共有していることになります（母親が1回しか交尾していない場合）。

このとき、娘から見て妹が自分と同じ遺伝子を親から受け継いで共有している度合い（血縁度）は4分の3になり、母から見た娘（2分の1）の場合よりも高くなります。娘が自分の娘（女王にとっては孫娘）を生んだとしても、その血縁度は2分の1ですから、働きバチにとってはオスと交尾して自分の娘を残すよりも、同じ数の妹を育てたほうがたくさんの遺伝子を残すことができるのです。

ハミルトン博士は、この効果があるために、単数倍数性の生物では倍数倍数性の生物よりもハミルトン則が成立しやすくなると予測しました。そしてこの効果により、何種類もの膜翅目が個別に真社会性を進化させたのだろうと考えたのです。

実際、その後新たに発見された真社会性生物の多くは単数倍数性でメスだけが働きます（例外は哺乳類のハダカデバネズミやカイメンと共生するエビ、腐木で菌と共生するカブトムシなどで、これらは倍数倍数性であり、シロアリと同じくメス・オスが共に働きます）。11回進化している膜翅目以外にも昆虫のアザミウマ等、いくつかの分類群で単数倍数性生物は真社会性の方向に進化しています。また、集団全員が基本的にクローンであるアブラムシや粘菌でも、助けてくれる利他者の血縁度は1であり、自分が自分の生殖を手伝うようなもののため、血縁選択の効果が生じやすいと考えられます。

おおざっぱにいえば、この仮説はよく当たっているといえるでしょう。姉妹のあいだに4分の3という高い血縁度があるからこそワーカー（姉）に利他行動をするメリットが生じるメカニズムなので、この仮説は「4分の3仮説」とも呼ばれるようになりました。

実証不能のジレンマ

ハミルトン則と4分の3仮説の登場は、ハチやアリを使った実証研究の一大ブームをもたらしました。なにしろ、ダーウィン以来の進化生態学上の最大の謎の一つが解けるかもしれないのですから。多くの研究者たちが心血を注ぎ、そのときどきの最新技術を用いて、実に多くの研究が公表されました。それを全部読むだけで一生が終わってしまうくらい、たくさんの研究があります。

しかし、しかしです。ハミルトン則が登場してから50年以上経ちますが、それが本当に現実の真社会性生物で成立していることを直接証明した研究は一つもありません。なぜ証明できないのか？　理由はカンタン、真社会性を示す生物で、単独で巣を営む個体が同じ地域集団内に共存しているものが見つからないからです。

ハミルトン則は「利他的に振る舞ったときの包括適応度から単独で繁殖したときの適応度を引いたものがプラスの値をとる」というものです。したがって、実証研究でこれを示すためには、単独性個体の適応度を測らなければなりません。ところが、コロニー内で掟破りの「シングルマザー」をやっているワーカーが発見できないのです。ない袖は振れません。1980年頃からは個体の遺伝子型を決めることができるようになってきたので、社会的（利他的）に振る舞うワーカーの包括適応度自体は測ることができるようになってきたのですが、それと単独で（利己的に）振る舞ったときの適応度との比較はどうしてもできないのです。

それでも一部の研究者はなんとかしてこの困難を乗り越えようとしました。例えば、アメリカ・ライス大学のクウェラー博士らは、真社会性のアシナガバチを対象にこの問題を検証しようとしています。

アシナガバチの仲間は毎年春に女王が巣をつくり最初のワーカーを育て、育ったワーカーが労働を担当するという、最もシンプルな社会形態をもっています。博士は春の栄巣期《えいそうき》に巣づくりに参加する女王数に変異がある種類を用い、1匹で営む巣と2〜4匹のメスが集まって巣づくりをする巣で、それらの女王バチのあいだの適応度を比較することにより、間接的にハミルトン則を証明しようとしました。

つまり、すでに真社会性が確立している種を使ってはいますが、単独営巣する女王と協同営巣する女王間での適応度を比較することで、真社会性がなりたっているときの協同者と単独者の適応度の関係を類推しようとしたのです。

また、博士は別のアシナガバチを用いて、最初の女王の死亡率とワーカーが独立営巣したときの死亡率が「同じだと仮定」すると、ワーカーが親の巣に居残ることでどのくらい得をするかを「推定」したりしています。つまり観察できるデータから、実際は独立しないワーカーが「もし」独立したとすると、どの程度の適応度を得られる「はず」かを推測し、ハミルトン則がなりたって「いた」のかどうかを検証しようとしているのです。

これらの研究により、女王が集団営巣したり、独立せずに親の巣に参加したりすることのメリットはある程度ある「だろう」という結論が得られています。

美しすぎる理論のワナ

クウェラー博士の一連の研究はとても優れたものだと思いますが、残念なことに、ハミルトン則が成立していることを直接証明してはいませんでした。実証するにはやはり、同じ個体群のなかに社会性と単独性の両方がいる種類を探さなければなりません。実は最近、私たちが研究材料にしているあるコハナバチの一種で、社会性と単独性の両方の個体が同じ集団のなかに存在するということが判明し、ハミルトン則の証明には優れた対象であることがわかってきました。え、早く研究しろって？　ご心配なく、もちろんやっていますから、近いうちに結果を公表することができると思います。

もう一つ検証がなかなか進まない理由は、ハミルトン則があまりにも美しく血縁選択の効果を論理的に示してしまったため、br－c＞0 のb（利他行動のメリット）やc（利己行動のメリット）がそもそもどのようにして生じてくるのか、という問題が意識からすっぽり抜け落ちてしまったからではないかと私は考えています。

第4章で説明するように、群れをつくることには相手との血の濃さを利用する適応度増加とは無関係に、直接適応度を増加させる効果がある場合があります。したがって「bやcがそれぞれどう生じてくるのか」の生態的理由を知り、それが「相手との血縁度（r）とどう組み合わされると包括適応度はどう増えていくのか」を総合的に知ることが、進化生物学上の目的です。しかし、単独者が見つからない現実の下で、利他行動があるときの血縁度rだけを測り、「それがプラスだからハミルトン則は成立しているだろう」「したがって血縁選択が真社会性を進化させている主要因だ」という議論が主流になってしまいました。後で話すように、このことが近年非常に大きな論争と混乱を生みだしています。

科学者も人の子ですし、プロならば業績をあげないと評価されないので、結果が出やすい部分に労力が集中しやすくなってしまいます。学問全体の発展のためには、仮説の様々な部分が検証されていくことが大切なのですが、学者集団を形成する個々の研究者は、個人の適応度（＝業績評価）を最大化するように行動するのが利益になるため、全体の最適化が実現しなくなるのです（これはヒトでも動物でもまったく同じで、真社会性の動物のコロニーのなかにも、コロニー全体の利益と個体の利益のあいだに、そこまでやるか！というほどの激烈な対立と闘争が存在します。まぁ、でもその話は次章にとっておくことにしましょう）。

余談はともあれ、できないことはできないのでした。人間、できないことがわかっていることはやりたくないものです。最初はワーカーの包括適応度を測ることに熱中していた研究者たちの情熱も、ハミルトン則を検証できないことがわかってくると、次第に冷めていきました。そんな1976年のある日、「全然違うやり方で血縁選択の存在を証明できる」という論文が発表されました。

弟はいらない

もう一度図2（P93）を見てください。母親から見ると、娘と息子に対する血縁度は2分の1で等しいけれど、娘から見たときには、妹と弟に対する血縁度はそれぞれ4分の3と4分の1で「同じ遺伝子をもつ度合い」がまったく異なることがわかります。これは、母親から見ると娘と息子は遺伝的に等価値ですが、娘から見ると妹は弟の3倍価値があることを意味しています。

この先は、「母親はオスとメスの割合がどうなるよう子を生むべきか」という問題があることを理解しないとわかりにくいため、簡単に説明します。

母親が何匹かずつの娘と息子を生んで次世代の集団をつくり、オスとメスの割合が決まります。普通、オスはたくさんのメスと交尾することが可能ですから、集団中のメスを受精させるのに充分な数のオスがいればよいのなら、集団内のメスとオスの割合はとてもメスが多くなるはずです。ところがヒトを含む多くの生物で、生まれてくる子の数はメスとオスがほぼ同数で性比が1対1になっています。なぜかというと、性比の偏りには揺り戻しが起こるからです。

母親から見ると娘も息子も血縁度は2分の1で遺伝的に等価です。もし、集団内にメスがとても多ければ、息子を生むとたくさんのメスと交尾して孫の世代にたくさんの遺伝子を伝えてくれるでしょう。必然的にオスを多く生むような遺伝子型が有利になり、集団のなかにオスが増えていきます。しかし集団の性比がオスに傾くと、今度はメスを多く生む個体が有利になり、揺り戻しが来ます。その個体の娘は多くのオスと子をなすチャンスがあるからです。その状態からどちらかの性を多く生む個体が現れても、集団性比はわずかでも多く生んだ性のほうに偏り、多く生まれたほうの性が必ず不利になるため、一度1対1の性比が集団中に広まると偏った性比は入って来られなくなってしまいます。こうして結局、娘と息子を同数生む個体が残り、集団の性比は1対1になると予想されています。

この予想はあくまで、生む側と育てる側にとってメスとオスの価値が等しい場合を前提にしています。しかし膜翅目は単数倍数体ですから、生む側にとってオスとメスは等価であっても、育てる側にとってオスはメスの3分の1しか「自分の血」を引いていない、生物学的に存在の意義を認めにくい対象となります。つまり、女王とワーカーのあいだで次世代への性比を巡る対立があるのです。遺伝子を残す競争における母娘ゲンカ、といってもいいでしょうか。

多くの真社会性昆虫では、次世代で繁殖を行う個体（次の女王・王）は、ワーカーから見ると妹や弟です。次世代のメスとオスをつくる場合、自分の遺伝子を最も多く残すように子孫をつくるのがワーカーにとって望ましいわけですから、妹に比べて血のつながりが3分の1の弟など、女王の思いどおりにたくさん生まれてはたまりません。もし、繁殖においてワーカーが女王よりも影響力が強いとすれば、次世代の性比は3対1でメスに偏っているはずです。そうであれば、真社会性は女王の利益のためにあるのではなく、ワーカーが自分自身の包括適応度を最大化するために選んだ結果だということになり、真社会性において血縁選択が働いていることを立証できるわけです。

この仮説はハーバード大学のトリヴァース博士により1976年の『サイエンス』誌に公表されましたが、ハミルトン則のように直接検証できないものではなく、性比という実際に測れるデータでの検証が可能だったため、社会性進化の研究ブームに追加の燃料を注ぎ込む結果となりました。実際、その後2000年代まで、ものすごくたくさんの観察結果が発表されました。

私自身も博士論文でこの問題について研究しました。単一の女王が1回だけ交尾を行うヒラズオオアリを使って、3年分のオスメス比データを調べました。さらに、性比をメスに偏らせる可能性のある他の要因をしらみつぶしに調べあげ、それらが何も働いていないことも示しました。結果、性比は3年とも大きくメスに偏っており、血縁選択によってワーカーが最適な値に保たれていることがわかったのです。

この研究やその後のいくつかの研究により、アリやハチの社会では、ワーカーを有利にするような血縁選択が実在することが証明されたといえるでしょう。また、他の研究者によるいくつかの研究では、働きアリは子どもの性を識別しており、女王が生むなかからオスだけを選択的に殺して次世代の性比を調節しているらしいこともわかりました。これらの結果を鑑《かんが》みると「女王」は名前に反してワーカーにコントロールされる弱い存在であるとも考えられるのです。ハミルトン則が完全になりたっているのかどうかはともかく、社会性生物に血縁選択が働いていること自体は間違いなさそうです。

群選択説も登場

こうして単数倍数性性決定という、自分が子を生むより妹を育てるほうが自分の遺伝子を残せるような遺伝的システムこそが、ワーカーが労働に専念できる主要な原因であると説明されるようになってきました。しかし、最近になって、「本当にそうなのか」「それだけなのか」という疑問が投げかけられています。

社会をつくるということは、個体が集まってグループになることです。この場合、例えば2匹で協力して何かをやると、1匹でやるときの2倍以上の効率があがるとすれば、血縁選択上の利益がなくても協力する方向へ生物は進化するはずです。利他者と利己者がいれば、メンバー間に相互に利害関係のある「群《ぐん》」が必ずできます。このとき、利他者と利己者のあいだに血縁関係がなかったとしても、群全体の1個体あたりの生産性が、単独のときより大きくなることがあれば、利他者が自らの子どもの数を減らして利己者に尽くしてなお、単独でいるよりも適応度（自分の遺伝子が生き残る率）が高くなるのではないか、という議論です。

この考え方は「群選択」と呼ばれており、1980年頃から議論され始めました。

群を形成する効果として、個体の適応度をあげる力が生じていると考えるのが「群選択説」です。この仮説を裏付けるために必要な、協力者数の増加以上に利益があがる効果を「相乗効果（シナジー）」と呼びます。

先に説明したように、単数倍数性の生き物の場合は妹への血縁度が娘への血縁度より大きいので、相乗効果がなくても協力したときに将来に伝わる遺伝子数が増えることがあり得ますが、倍数倍数性生物では、妹に対する血縁度と娘に対する血縁度は等しいため、この効果が期待できません。

鳥や哺乳類の一部の種類では、子どもが親のナワバリに居残り、親が生んだ弟妹の世話を手伝う「ヘルピング」と呼ばれる行動が知られています。これらの「ヘルパー」はやがて別の場所で独立して繁殖したり、親のナワバリを受け継いだりして自分自身で繁殖するのですが、特定の血縁を助けることで自分の遺伝子が特に多く残るという効果はないため、子どもが親を手伝う場合、親が残す子どもの数がグループサイズに対して2匹なら2倍以上、3匹なら3倍以上に大きくなる相乗効果がないと、独立して繁殖するよりも有利になりません。

つまり、そもそもグループをつくるメリットがないと協力行動は進化してこなかったのではないかという疑問が出されたわけです。群形成の効果が実際は血縁選択の効果より大きいのではないかという仮説のもとに、協同繁殖をする鳥や哺乳類で、グループ形成の相乗効果を検出しようという研究が行われています。「群の効果」か「血縁の効果」かを巡る論争は生物学の現在を知るのに興味深いテーマですので、108ページ以降で詳しくご紹介しましょう。

ヒトの滅私奉公《めっしぼうこう》

もちろん、われらが真社会性昆虫でもグループをつくる効果の研究は行われていますが、いまのところ複数の個体が協力しても幼虫の生産数が協力者の数の効果を超えて大きくなることはないようだという、相乗効果を否定する結果が得られています。しかし、アメリカ・アリゾナ州立大学のリッシング博士らは、最初に巣をつくるときに血縁関係のない複数の女王が集合して巣を創設するハキリアリの一種を用いて、グループ形成が巣の生存確率を高めることを示しました。このアリではグループサイズが大きいほど、相乗的ではないにしろ、たくさんの働きアリをつくることができました。その結果として、やがて近隣の巣とのあいだで行われる殺し合いに勝ち、生き残ることができるというのです。

このことから、相乗効果はグループの生産性に対してだけ現れるのではなく、生存率や捕食者に対する抵抗力などの生態的なパラメータを大幅に改善する効果にも現れ得るといえます。私たちもコハナバチを材料にして、グループをつくったときのほうが、幼虫の捕食者である地中性のアリに対して防御力が高まり、巣の中にいるメスの数に応じて幼虫の生存率が改善されるという結果を公表しています。

一方、ヒトの社会で稀《まれ》に見られる文字どおりの滅私奉公、例えば赤の他人を、自分の命を危険にさらしても助ける、という行為は血縁選択では説明できません。人間のこうした「真に利他的な行為」がなぜあるのか、つまりなぜそう進化してきたのかについては諸説があります。

現在有力なのは、そうした行為で発生するケガなどの一時的なコストを、そうした行為をとる人が周りから尊敬を受けるなどして解消し、長期的には得をするため、最終的な適応度が高くなるのではないかという説明です。これは、鳥や哺乳類で、手伝いをする子どもが親のナワバリを受け継いだり、子育ての経験を積んだりすることによって将来の繁殖がうまくいく可能性が高まるというヘルピング行動の理屈と同じです。助けた本人が死んでしまうような利他的行動でも、助けた人の家族が厚遇されるなどの効果が充分大きければ、血縁選択を通して進化可能だから行うのだと唱える人もいます。

しかしこのような理屈は、一時的に損をしても一生涯、あるいは数代のあいだには取り返すことができるという、長期間で複数回の繁殖を繰り返す動物にのみあてはまるものです。私が研究している社会性生物、たとえば1匹の女王から始まり1年で解散するカリバチや、生まれつき機能的な卵巣を失っているいくつかのアリのワーカーは繰り返し繁殖することが不可能ですから、真社会性生物の利他性の進化にこの議論を適用することはできません。自然のもとで見られる社会性やヘルピングの進化にどんな要因が決定的だったかを知るには、いましばらくの時間が必要です。ここでいえることは、ヒトの社会とムシの社会は表面的には似ていても、本質的に違うところがたくさんあるということでしょうか。

生き残るのは群か？　血縁か？

ここまで、社会性昆虫や鳥・哺乳類のヘルパーのように、自分が繁殖することを棚上げして、他個体の繁殖を補助する利他行動がなぜ進化したのかについて、二つの説を紹介してきました。一つは手伝う相手が血縁者であり、それが生む血縁個体を通して利他者の適応度があがるという「血縁選択説」です。ハミルトン博士によって定式化された血縁選択説は、生物の社会進化を完全に説明したと思われました。ところが、社会をつくるメンバー間に血縁関係がないとしても、群をつくることの大きなメリットが社会性の進化に結びつくこともあるのではないかという議論が現れました。もう一つの説「群選択説」です。

この論争にはいまだに完全な決着がついていません。したがってこれから議論することは科学の定説として評価が定まったものではありません。が、科学の営みでは過去の知識を知ることだけではなく、「何がまだわかっていないことなのか」をはっきりさせることもとても重要なので、ここで私なりに再検討してみたいと思います。しばらく私見におつき合いください。

先に説明したように、ハミルトン則（89ページ参照）のなかでbやcがどのようなメカニズムで生ずるのかや、本当に式が成立するのかなどは、ほとんどわかっていません。一方で、ハキリアリの例で説明したように、非血縁者が集団をつくることにより個々の個体の生存率をあげているような例は知られています。したがって、群の効果が存在するケースは確実にあるでしょう。

オスもメスも倍数体である鳥や哺乳類などでは、2匹で協力するときに群全体の生産性が単独のときの2倍以上にならなければ、たとえ個体同士の血縁度が1であったとしても、1匹あたりの適応度が単独時より大きくなりません。ということは、これらの生物では相乗効果なしに社会性が進化することはあり得ないわけです。したがって両倍数性生物では、ヘルピングの進化に群の効果がどのように効いているのか検証が行われています。

実は2000年代の中頃から、この相乗効果こそが、生物に見られる真社会性を含む協力行動を進化させた原動力であり、血縁の効果は2次的なものではないかとして、血縁選択中心の見方を批判する議論が起こりました。当然のごとく血縁選択支持者の多数の反論もあり、今日《こんにち》に至るまで両陣営のあいだで激烈な議論が続いています。

ところが社会性生物の研究者にとっては、単数倍数性の生物の「姉妹に対する血縁度が4分の3で、娘に対する血縁度2分の1より大きい」という特徴が、コトをややこしくしています。

娘が母親と協同する場合、母親にすべてメスの子を生ませるようにすると、トータルで生まれるメスの数がまったく同じだとしても、母親が生んだ妹に対する血縁度は4分の3なので、自分が血縁度2分の1の娘を生んだ場合に比べて、その差の分だけ包括適応度がいきなり増加します。逆にいえば、その差の分だけ群全体の効率（生産性や子どもの生存率）がさがっても、娘は耐えることができるのです。したがって、単数倍数性の利他行動の進化については「群の効果」は必須とはいえません。

この単数倍数性と群の生産性の関係は過去、別の研究者によって3回報告されていますが、それらの論文は、40本以上の論文が存在する一連の「群か血縁か」の議論ではまったく引用されていません。群選択論者の多くは両倍数性生物を念頭に置いており、群の効果がないと血縁の効果だけでは利他行動が進化していかないであろうことをわかっています。ところが、利他性の進化の議論は社会性昆虫を中心に進んできており、ほとんどの社会性昆虫は単数倍数性なので、社会性昆虫学者は逆に群選択が働いている可能性について、ほとんど注意を払ってきませんでした。

この落差が無意味な論争を助長しています。血縁選択モデル、群選択モデル共に論理的な過《あやま》ちを含まないので、それぞれの陣営は、自分たちは間違ってない（ということは相手が間違っている）と信じ込んでいるように思えます。科学者といえども人間なので、一度信じてしまうと自説を他者の説と公平に見ることは困難になってしまうのかもしれません。また、科学は欧米発祥の文化であり、彼らの一神教的（他方の説を認めない）思考癖が、論争の激化を招いたのかもしれません。

向き合わない両者

私なりの意見を言うと、両者は同じ土俵に立っていないように思えます。血縁選択で用いられるハミルトン則では、群の効果はb（利他行動のメリット）やc（利己行動のメリット）の項のなかに暗黙に埋め込まれていて、式のなかに群の果たす役割が明示（記号化）されていません。逆に群選択で用いられるモデルでは、個体の適応度が、群のなかの個体間競争に基づく個体レベルの適応度と、群間競争に由来する群レベルの適応度に分割して考えられ、その総計として進化がどちらに進むのかを予測します。

後者の群選択モデルをわかりやすく人間社会にたとえていえば、会社のなかで、会社の金をくすねる不届き者は社員間の収入競争には強いのですが、そのような社員ばかりいる会社は会社間競争には弱いため、その両者のバランスの結果、社会全体のなかで不届き者が増えるかどうかが決まってくる、とでもいったらよいでしょうか。しかし、群選択のモデルには、群内の個体間の血縁関係が明示されていません。

同じものを測るのに両者で使っているモノサシが違うようなもので、これが議論が混乱する原因と思われます。

まあ、学者といえど昔からの議論をすべて理解して議論しているわけではないようですが、科学におけるこういう状況を解決するのが「総説」と呼ばれる、過去の議論を再検討し、現在の問題点を整理しつつ将来の展望を示す研究です。つまり、ここで述べたようなことは総説として世に問える内容ではないかと思うのです。

ともあれ私個人は、群の効果がなくても利他行動が進化し得るという単数倍数性生物の特徴が、このグループにおける真社会性の高頻度な進化をもたらしたのは間違いなく、そのうえで「群の効果があり、その結果として増えた子孫との血縁関係の濃さにより包括適応度が高まる」のであり、群と血縁の両者ともが、利他者の包括適応度を測るために不可分なものと認識しています。現象内に含まれるすべての要因を明示して、その関係性を示すモデルをつくることが、今後は重要になるでしょう。

人間界の騒ぎはともあれ、アリやハチのワーカーが社会をつくって他者のために働くのは、滅私奉公しているわけではなく、そうしたほうが自らの遺伝的利益が大きくなるからだと考えられます。その利益の根源が血縁度不均衡であるのか、グループをつくるメリットから来るのかはまだ明らかではありませんが、彼らは社会を維持するために働きつつ、同時に自分の利益をもあげています。

利他行動とはいいますが、最終的には自分の利益になる行動をしているわけで、多くの利益をあげる行動のみが進化する、という進化の原則にはしたがっています。それはちょうど人間の会社で、労働者が会社のために働きながら自らの利益（＝給料）を得ているのと似ています。会社が給料をくれない（個体の利益があがらない）としたら、会社のために働く人はいないでしょうし、反対にみんながさぼって給料だけもらおうとすると、会社はなりたちませんよね。

第3章のポイント

◎真社会性生物は、血縁を助けることが自分の遺伝子を将来に多く残す結果になる（血縁選択説）

◎利他行動の根拠を、特に働きアリと妹の遺伝子が4分の3重なる性質に求めるのが「4分の3仮説」

◎一部のハチやアリでは遺伝子の関係上、ワーカーから見たオスの価値はメスの3分の1

◎利他行動の根拠を、群れることとの相乗効果で説明するのが「群選択説」

◎人間の滅私奉公も、将来的な報いを期待する「生物としての進化」らしい

第4章

自分がよければ

社会が回ると裏切り者が出る

前章で説明してきたように、生物は、個体の遺伝的利益を最大にするように行動するのが大原則にもかかわらず、それと矛盾しない形で他者と協同する「社会」が生物の世界で繰り返し進化してきました。

社会が発達していくと、協同は複雑に絡み合い、アリなどに見られる女王・ワーカー間の繁殖機能の分化や、兵隊アリのような特別な働きアリが出現するワーカー内の多型現象などが進化し、社会を構成する各個体にとって社会なしには生きられないような状況になってしまいます。例えば、働きアリは1匹だけでは生きていくことができません。

これは人間でも同じことで、個人は生活のあまりに多くを社会に負っているため、一人で生きていくことなど想像もできなくなっています。人でもムシでも、各個体は社会システムのなかで生産活動を行い、その一部をなんらかの形で社会に還元することで、社会を維持するために必要なコストが賄《まかな》われているわけです。ムシであれば幼虫の世話等の労働ですし、ヒトの社会なら税金ですね。

ところが、このように「個体が貢献してコストを負担することで回る社会」というシステムが常態化すると、そのシステムを利用し、社会的コストの負担をせずに自らの利益だけをむさぼる「裏切り行為」が可能になってきます。

ヒトの社会学では、社会的コスト（義務）を応分に負担せずに社会システムがもたらす利益だけを享受する者が増え、社会システムの維持に問題が生じることをフリーライダー（ただ乗り）問題と呼んでいます。フリーライダーが増えると社会を維持する労力が足りなくなってしまい、最終的には社会システム自体が崩壊します。具体的には、誰も税金を払わなければ、人間社会の維持に必要な様々なコスト（政治家の給料や道路などの社会的インフラを整備するための金）を賄うことができず、社会が成立しなくなってしまうでしょう。

これと似たようなことは、生物の社会でも起こっています。いや、個体の遺伝的利益を最大化することが原則の生物の世界では、むしろ人間から見ると信じられないような、他者を出し抜いて自らの利益を高めるような行動が頻発しています。この章では、様々な生物に見られる社会を構成するメンバー内、メンバー間の、社会に対する裏切りや、人間社会ではあり得ないような、自らの利益を高めるための生態を紹介していきたいと思います。

本当に働かない裏切りアリ

第2章で、アリのコロニーには長期間働かない働きアリが存在するけれども、それは一種のリリーフ要員で、他のメンバーが疲れて働けなくなったときはヘルプに入り、コロニーの危機を救うと考えられる、という話をしました。ところが、社会性の生物のなかには、コロニー全体の利益になることを一切せず、ただひたすら自分の子どもだけを生産し続ける裏切り者のワーカーがいることがあります。

前にも出てきたアミメアリは、コロニーのなかにいる個体はみな翅《はね》がなく胸が小さいワーカーの形をしており、普通ならいるはずの女王が存在しません。おそらく、昔は普通のアリと同じ「女王＋ワーカー」という社会形態だったものが、進化の途中で女王を失い、ワーカーしかいなくなってしまったものと考えられています。普通のアリでは女王が産卵するわけですが、このアリは各働きアリが自分の娘をオスとの交尾なしに生産しており、すべての働きアリが子どもを残すことがわかっています。

通常ワーカーには単眼（昆虫の主な眼である小さな目が集まった複眼とは別に、複眼を構成する単位が個別に存在する光受容器官。普通は額にある）がありませんが、

40年ほど前から日本のところどころで、単眼をもっていて少しサイズの大きなワーカーを含むコロニーが見つかっていました。単眼をもつワーカーは最初、女王になりそこなった奇形だと考えられていましたが、琉球大学の辻和希《つじかずき》博士、東京大学の土畑《どばた》重人《しげと》博士らと私たちの共同研究によって、これらの単眼をもつワーカー（単眼型）は、通常のワーカーとは遺伝的に異なる系統であり、社会システムに寄生する利己的な裏切り者であることがわかってきました。以下に少し詳しく説明します。

真核生物の細胞内にはミトコンドリアと呼ばれる細胞内小器官があり、これは核ゲノムとは別にＤＮＡをもっています。核ゲノムは両親から半分ずつ子どもに受け渡されるのですが、ミトコンドリアＤＮＡの場合は卵子内の細胞質として次世代に伝わるので、母親からしか遺伝しません。また、核ゲノムのＤＮＡよりも塩基配列の変化速度がずっと速いため、ミトコンドリアＤＮＡの共有率を見れば、類縁が近い生物の遺伝的識別ができます。

つまりメスであるワーカーが娘（ワーカー）を生むという繁殖様式をもっているアミメアリでは、ミトコンドリアの系譜が個体の系譜を直接表すことになります。したがって、単眼型と通常型が遺伝的に異なる系統なら、ミトコンドリアＤＮＡの配列は、通常型と単眼型のあいだで異なっているはずです。

そこで、三重県でとれた単眼型と、同じコロニーの通常型について、ミトコンドリアDNAの全配列を比較した結果、全体で43ヵ所ほど違いがあることがわかりました。このデータを用いて、日本各地で採集した通常型と単眼型の遺伝子を比較したところ、単眼型は通常型のなかから派生してきた遺伝的系統であることが判明しました。つまり、社会ができた後に侵入してきた新たな遺伝的タイプだということです。

さらに両者の行動を比較してみると、通常型はコロニーの維持のための労働をし、生涯にいくつかの卵を産卵するのに対して、単眼型はほとんど働かず、多数の卵を生み続けることがわかったのです。この遺伝分析と行動分析の結果を合わせれば、単眼型の正体は社会が維持されてきたところに現れた利己的な裏切り者系統だと判断できます。生物学上、こうしたコロニー内の裏切り者は英語の「だます（cheat）者」の意から「チーター」と呼ばれます。彼ら単眼型は通常型の労働にただ乗りし、自分たちの卵を育てさせるだけのフリーライダーのチーターだったのです。

このようなチーターは社会があればどこにでも現れます。

例えば序章でご紹介した粘菌は、普段は一つひとつの菌がバラバラに生活していますが、近辺の栄養分が少なくなると化学的なシグナルを出して集合し、柄とカサからなるキノコのような構造物をつくります。胞子をつくってまき散らすのはカサの部分を「担当」した個体のみです。柄を長くしたほうが胞子を遠くまでまき散らせるので全体にとって有利なのですが、柄の部分になった個体は胞子をつくらないため、利他的といえます。このキノコそのものが、複数の個体がつくりあげた「社会」です。

通常、この粘菌がつくるキノコは、もともと一つだった菌が分裂して増えた複数の菌が集合してつくられることがわかっており、柄になる利他個体は血縁選択の効果によって遺伝的利益を享受していると考えられています。しかし近年、このキノコのなかに、カサにしかならない遺伝的系統がまぎれ込んでいることがわかってきました。

この系統は柄になるものを含む利他的な系統にただ乗りするチーターであると考えられます。さっきの、卵ばかり生む単眼型のアミメアリと同じですね。昆虫と菌という、まったく異なる生物で同じような現象が見られるのは「メンバーが利他的に振舞う社会では、フリーライダーが現れる」という論理の普遍性を示すものです。社会あるところすべてつけ込む余地あり、ということでしょう。

なぜ裏切り者がはびこらないのか

社会にただ乗りする輩《やから》がいて、そういう裏切り者のほうの利益が大きいのなら、なぜ、そういう奴ばかりになってしまわないのでしょうか？……はい、そのとおりです。働かないで無駄飯を食らう奴ばかりになると社会は回らなくなり、全員が滅びるからですね。血縁選択云々《うんぬん》を別にしても、自分の利益を犠牲にして社会的コストを賄《まかな》う利他性は、チーターの利己性には対抗できません。コロニーの内部では働かず子どもだけを生むチーターがどんどん増えてしまいます。

チーターはいつでも侵入してくるものなので、コロニーのなかにチーターが入ってくると利他個体はだんだん少数派になり、コロニーはつぶれるはずです。にもかかわらず、社会性の生物は何百万年も前から生き続けていますし、われわれ人間の多くも日々額《ひたい》に汗して仕事をし、なけなしの給料から税金を払い続けています。社会が続くためには、まだ秘密がありそうです。

アミメアリでわかっていることを見てみましょう。辻博士が三重県の個体群で調べたところ、コロニーのなかでは単眼型の増殖率が通常型よりもはるかに高く、チーターが侵入したコロニーではチーターがどんどん増えていくことがわかりました。それはそうです、彼らは子づくりに専念しているのですから。これならやはり、働かないチーターばかりが子孫を残すことになるので、チーターが侵入したコロニーは滅びてしまうはずです。しかし、地域集団全体は「個体」からなる「コロニー」の集合体です。辻博士はコロニー自体の増減にも着目しました。

チーターの多いコロニーでは労働する個体が少なくなりますから、コロニー全体の生産性はチーターがいないときと比べて小さくなるでしょう。みながしゃかりきに働いている会社より、サボってばかりいる社員のいる会社のほうが儲からないのと同じことです。そこで、いくつものコロニーを丸ごと採って、コロニー内のチーターといまいるワーカー、次世代ワーカーのサナギをすべて数えて比率を調べ、チーターの率が次世代のコロニー増殖に与える影響を調べました。

簡単なようですが、アミメアリが次の世代のワーカーをつくるのは夏ですから、酷暑のなか、汗水垂らしていくつものアリのコロニーを採集しては、何千匹といるワーカーやサナギの数を数えなければなりません。なかなか大変な仕事です（働かないアリの話のところでも出ましたが、生態学の研究は、世間の人が「彼らはヒマだよね」と言うほどに楽ではありません）。辻博士が苦労してデータをとってみると、チーター率が高いほど次世代の増殖率が低く、コロニーが小さくなってしまうことが明らかになったのです。

つまり、チーターはコロニーのなかでの増殖率こそ高いものの、チーターが多いほどコロニー全体の増殖率が低くなり、コロニーがいずれつぶれてしまうであろうことが示されたわけです。サボる社員ばかりの会社はやがてつぶれ、社会全体では結局、働き者がほとんどの会社が多数を占める、となぞらえてみてもいいかもしれません。

このように、社会をつくる生物では、進化を導く自然選択が個体というレベルとコロニーというレベルの両方で働いた結果、双方の増え方の方向性が逆になることもあり得ます。したがって、集団をつくらない生物と同様に個体レベルの選択だけを考えていては、社会性のような一定のタイプの進化を理解できないことがあるわけです。

同様なことは粘菌でも起こっており、チーター型の比率が高い集団では、胞子の生産性が低くなるようです。ここでも、個体レベルの有利さと集団レベルの不利さのバランスが、ただ乗り個体と利他個体の共存に大きな影響を与えていると考えられます。

ここで、一つ疑問が残るのにお気づきでしょうか。

アミメアリだと、チーターが侵入したコロニーはいずれつぶれてしまうので、チーターはいなくなります。チーターがいるすべてのコロニーがなくなれば、地域集団は利他個体だけになってしまうはずです。チーターと通常型の増殖率の差からいえば、チーターが侵入したコロニーは2～3年で滅びてしまうでしょう。つまり数年でチーターは絶滅してしまうと予想されます。ところが、三重県の個体群では過去30年以上にわたってチーターと利他個体が共存し続けていることがわかっています。ミトコンドリアDNAの配列の違いを見ても、チーターの系統は過去数万年以上生き長らえてきたと考えられます。どうしてこのように長い時間、チーターが通常型と共存できるのでしょうか。

土畑博士はこの問題を研究し、チーターがコロニー間を移動する、いわば「感染率」と、チーターのコロニー自体の増殖率に対する負の影響、いわば「毒性」のバランスが、一定の地域で利他者とチーターの系、双方の存亡にとって重要であることを突き止めました。感染率が高く毒性も強いと、すべてのコロニーが罹患《りかん》し滅びてしまうので利他者、チーターの両者が滅びてしまいます。感染率が低すぎると、チーターの入ったコロニーだけが滅びるのでチーターだけが滅びます。両者がちょうどよい関係にある場合のみ、地域内での共存が起こります。

このとき、チーターの入ったコロニーは滅びますが、滅んだ後の「空き地」に、利他者だけのコロニーが移住してきて増殖するので、感染していない無垢《むく》のコロニーが生存できます。これらのコロニーもいずれ感染されて滅びるのですが、そのときには他の空き地に利他者のコロニーが入り込んでいるため、地域集団全体では両者の共存が成立するわけです。いうなれば局所的な絶滅と再生が繰り返されることで、バランスが保たれているのです。

右のような関係は病原体と宿主の関係でも見られることで、最初は非常に毒性の高かった病原体が、流行を繰り返すうちに弱毒化していく例は、この理論で説明できると考えられます。あまりにも毒性が強いと病原体が別の宿主に移る前に宿主を殺してしまい、強毒の遺伝子型は淘汰されてしまうのです。アミメアリの場合だと、あまりに強すぎるチーターが出現すると地域集団全体を滅ぼしてしまうため、そうではないチーターが生き残っているということですね。

このような複雑な進化のパターンも、自分一人では生きられず、生存のために他者を必要とする、という状況が生み出しているのです。

他人の力を利用しろ

彼らが裏切るのは仲間だけではありません。社会のなかの裏切り者の究極の形は、「社会寄生」と呼ばれる、他の種のコロニーの労働力を利用している種類です。この社会寄生種は多数のアリ、少数のハチ、そしてシロアリでも知られています。

社会寄生の最も原始的な形は、寄生種の女王が宿主のコロニーに入り込み、宿主の女王を殺し、そこにいる宿主のワーカーに自分のワーカーを育てさせるというものです。この場合、宿主の女王は殺されているので宿主のワーカーはいずれ死に絶えてしまいます。その後は寄生種のワーカーが普通に働いてコロニーを維持します。寄生種が自分のコロニーをつくりあげるまでのあいだだけ、他種の労働力を利用するので「一時的社会寄生」と呼ばれています。

宿主のほうからすれば、入り込まれればコロニーは壊滅ですから、寄生種の女王が入ってきたときにそいつを排除するような対抗進化が起こってもおかしくありません。ところが、寄生種の女王は宿主のワーカーをだますテクニックを身に付けており、宿主のワーカーに自分は同種だと信じ込ませて対抗策を講じさせないのです。

アリは地下の暗闇で暮らしているためか、自分と同じコロニーのメンバーかどうかということを相手の匂いで判断しています。体表に付着している炭化物という化学物質の組成が同一コロニーのメンバー間では同じになっており、触角で相手に触った瞬間にこの「匂い」が自分と同じかどうかを判断し、相手が同一コロニーのメンバーかどうかを識別しています。

社会寄生種の女王はこの性質を利用します。最初に相手の巣に入り込むときはワーカーの攻撃を受けますが、そのときにはワーカーの知覚が一時的に混乱するような物質を出して相手を大混乱に陥れ、巣に侵入するとまず宿主の女王を真っ先に殺します。

観察していると、この後寄生種の女王は殺した宿主の女王の体の下に入り込んで長い時間過ごしたり、殺した女王の体をひっかいては自分の体にこすりつけたりする行動をとります。このあいだに宿主の女王の匂いを自分に移しているらしく、それ以降はワーカーから攻撃を受けなくなります。つまり、本当のお母さんのふりをしてワーカーをごまかしているわけです。足を白く塗って子羊をだまそうとしたオオカミみたいですね。

「匂いのお面」を被るのは社会寄生種の常套《じょうとう》手段ですが、本当にお面を被る種類もいます。アメイロアリという一時的社会寄生種は、侵入する宿主の巣に近づくと、入口付近にいるワーカーを1匹捕まえて殺し、頭の部分が前に向くようにくわえて巣に入り込みます。他のワーカーたちは、触角で触ってみると確かに自分の巣の仲間なので、入り込みを許してしまうのです。これなどは本当にお面を被ってだましているのですが、瓜子姫《うりこひめ》の皮をはいで被り、おじいさんをだまそうとした「あまんじゃく」を思い出します。

さらに高度な社会寄生になると、相手の巣に入り込むとその巣の女王は殺さず、コロニーを存続させたまま自分は雌雄の卵を生み続け、育てさせます。生まれた寄生種は羽アリとなって外へ飛び出し、他の宿主のコロニーに入り込むのです。このような種類はもはや自分たちの働きアリを失ってしまっています。これらのアリはかつて社会性をもっていたはずですが、寄生生活を続けるうちに社会そのものを失ってしまったのです。

社会寄生の最も変わった形は「奴隷制」と呼ばれるものです。奴隷とは穏やかではありませんが、これらの種は一時的社会寄生種と同様、宿主の巣に入り込むと相手の女王を殺し、自分のワーカーをつくらせます。ところが、そのワーカーたちは充分な数になると他の宿主の巣に出かけていき、その巣からサナギや生まれたばかりのワーカーをさらってきてしまいます。拉致《らち》されたワーカーは奴隷制を行う種の巣の中で成熟し、巣の維持のために働きます。おそらく自分たちが他種のために働かされているとは思ってもいないでしょうけれど。

奴隷制で最も有名な種は、日本にもいるサムライアリという中型のアリです。この種に至っては、サムライアリのワーカーはサナギをくわえやすいよう歯のない細長いサーベルのような顎に進化してしまっているので、自分たちではエサを食べることもできません。

私はかつて、このサムライアリの生態を詳しく研究したことがあります。奴隷狩りから帰ってきたサムライアリのワーカーはおなかが空くのか、群らがって奴隷のワーカーにエサをねだりますが、大集団が帰ってきていっせいにエサをねだられ、てんてこまいの奴隷たちは「ああ、もうちょっと待ちなさい、うるさいんだから」みたいな感じでサムライアリのワーカーを邪険《じゃけん》に扱っていました。どちらが奴隷かわからないくらいです。サムライアリとか偉そうな名前が付いていますが、やってることはただの居直り強盗ですね。

こういう社会寄生も、「社会」というただ乗り可能なリソースがあるので進化します。もちろん、彼らも自分の遺伝子をできるだけ多く残すように進化したわけです。その観点からとても興味深い研究がありました。

岡山大学の松浦健二《まつうらけんじ》博士は、シロアリの異なる二つのコロニーを交ぜてみると、そのまま融合して何事もなかったように一つになってしまう場合と、片方がもう一方を皆殺しにしてしまう場合があることを発見しました。この違いが何によって決まっているかを詳細に調べたところ、融合するのは、相手あるいは双方に将来繁殖虫になるように運命付けられた幼虫（ニンフといいます。跡継ぎと考えていいでしょう）がいない場合のみで、ニンフがいる場合には必ず片方が皆殺しになるというルールがあったのです。

社会寄生の観点から見ると、相手が労働力だけなら吸収して労働力を利用（一種の寄生）したほうがいいのですが、繁殖虫になる個体がいる場合、自分たちの跡継ぎが追放されてしまう可能性があるため、皆殺しが選択されると解釈できます。私はこの話を聞いて、戦国時代の武将が合戦で負けた相手方の男子を皆殺しにしたエピソードを思い出しました。結局ここでも、利他的な社会と利己性という二つの要素が、多様な現象を引き起こしているといえるでしょう。

究極の利他主義、クローン生殖

社会という他者との協力を必要とするシステムをもっていても、個々の個体は自らの利益を少しでも多くしようと、様々なやり方で相手を出し抜こうとすることを見てきました。利己的なチーターの存在や相手を出し抜く戦略は、社会全体にとって不利益である場合が少なくないのも見てきたとおりです。

協力しながら出し抜き合う。まったく、社会というものが存在すると、ヒトを含む生物の生活は単純ではなくなります。それというのも、進化においては、いかに多くの自分の遺伝子コピーを残すかが最大の問題なので、自分と異なる遺伝子をもつ個体と協力する限り、相手よりも自分が得をするやり方が進化していくのを止めることはできないからです。人間と違って生物に倫理観というものはなく、「そのほうが得になる」やり方が自然に増えてしまいます。社会自体を壊してしまうようなやり方は、自分たちも滅びてしまう結果を招くでしょうが、そんな究極の利己主義が侵入してくるのも防ぐことはできません。

でも、遺伝的な対立があるから利己と利他の対立が避けられないのだとしたら、協力する個体がすべて遺伝的に同質の社会では対立が起きないのでしょうか？　真社会性生物のなかには、この問題を考えるための絶好な例もあります。

つい最近、ハキリアリの一種ですべてのコロニーメンバーが完全な遺伝的クローンである種が発見されました。通常、アリは女王アリがオスと交尾し、有性生殖を行うことによって、遺伝的に不均質なワーカーが生まれます。有性生殖では、ある子どもに母親の二つのゲノムのどちらが入るかは偶然によって決まるので、同じ母親から生まれた娘でも、遺伝的にはある程度異なります。したがって個体間の利害対立が生じ、自分の利益の最大化を求める進化の法則によってメンバー間の出し抜き合いが始まります。しかしこのアリでは、女王は有性生殖をせず、自分と遺伝的にまったく同質のクローン個体のワーカーを生産します。コロニーが大きくなると、女王が生んだクローン幼虫の1匹が次の女王として育てられ、新しいコロニーができます。オスはおらず、社会のなかにいるすべての個体がメスで、互いにクローンです。

　第4章のはじめで説明したアミメアリは単為生殖で自分のクローンを生んでいますが、アミメアリの場合、はるか昔に女王が消失し、コロニーのなかで複数の個体が産卵し続けているせいで、ワーカー間に女王消失後に蓄積した遺伝的変異が存在します。コロニー全体が同一のクローンというわけではありません。ところがこのハキリアリはクローン、つまり複数の自分で社会ができているわけで、遺伝的利害を巡る対立は原理的に生じません。まさに「超個体」といってよいでしょう。

　このアリは、個体と社会の利益が完全に一致し、コロニーのために全身全霊尽くす究極の利他的存在なのでしょうか？　それとも自分の遺伝子のためだけに働く超利己的なやつなのでしょうか？　私にもわかりません。

　このような社会は他にもあるようで、辻博士や私もまったく異なる系統群のアリで同様のシステムを見つけています。まだ詳しい研究はされていませんが、遺伝的利害を巡る個体間の対立を排することで、このシステムをもつアリがコロニーレベルの効率をあげ、コロニー間の淘汰に勝って生き抜けるのだとしたら、個と社会を巡る複雑性は、生物の多様性の出現にまことに大きく貢献しているものだと感じます。

　クローン繁殖に伴う驚くべき現象はシロアリでも発見されています。

ヤマトシロアリというシロアリでは、コロニーを創設した女王が死ぬと、ニンフ系列（跡継ぎの資格をもつ幼虫）のなかから副生殖女王という新たな女王が何匹も誕生し、生き残った創設期のオス（王）と交尾して産卵し、コロニーを存続させます。このような副生殖虫は女王と王のあいだに生まれた娘であり、このシロアリは父親と近親交配を繰り返すのだとずっと信じられてきました。ところが、松浦健二博士はその驚異的なフィールドワークの能力により、この信仰を覆します。

外国の研究者がまったく見つけることができなかった、ヤマトシロアリの女王と王が存在する巣の中心部を多数採集した松浦博士は、それを使って王と副生殖女王とワーカーの遺伝分析を行った結果、副生殖女王には王の遺伝子がまったく入っておらず、各遺伝子座には創設女王がもつゲノム由来の二つの遺伝子のうちどちらかだけが入っていることを発見したのです。シロアリの染色体は二組ですから、この場合、各遺伝子座には女王のゲノムの片方が2倍になって存在すると考えられます。このような二つのゲノムをもつ生物のある遺伝子座で、ある一つのタイプの遺伝子のみが二つ存在することを「ホモ接合」といいますが、ヤマトシロアリの副生殖女王は、調べられたすべての遺伝子座が創設女王の片方の遺伝子のホモ接合になっていたのです。つまり、女王は副生殖女王に自分の遺伝子だけを伝えていることになります【図3】。

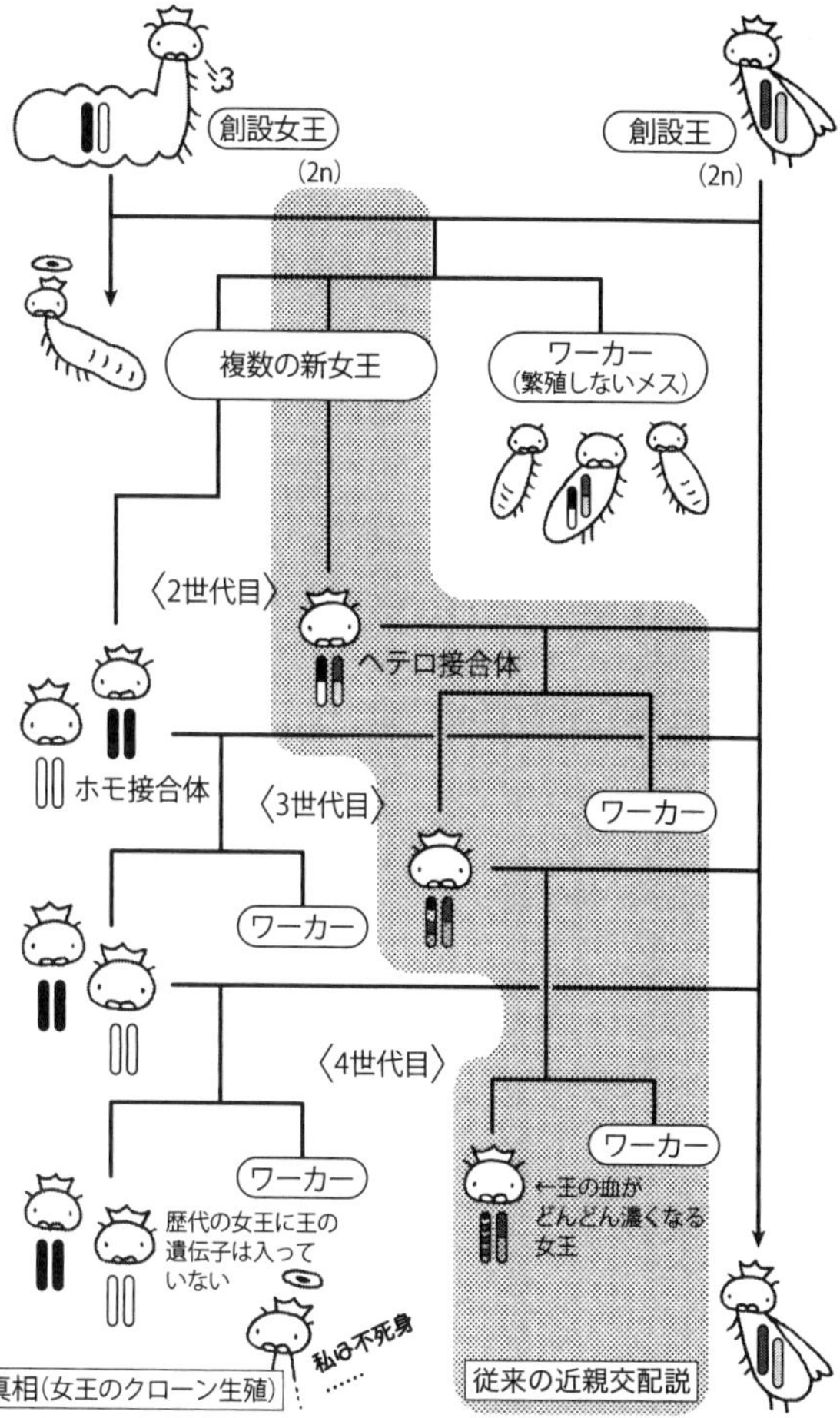

【図3】ヤマトシロアリの近親交配を説明する図。創設女王の死後、娘が新女王となって創設王と交尾するが、女王となる個体にはオスの遺伝子は伝わっていないことがわかった。

少々難解ですが、女王が副生殖虫に自らの遺伝子しか伝えていないということは、副生殖虫全体を合わせるとＤＮＡは創設女王とまったく同じ遺伝子型になる（副生殖女王の組み合わせが創設女王の分身になる）ことを意味しています。もし創設女王が有性生殖してできた娘が副生殖女王になる場合は、そのなかには王の遺伝子がすでに入っているため、再度王と交尾すると、新たに生じる子どものなかで王の遺伝子の割合だけがどんどん増えて創設女王の遺伝子にとっては不利な事態になってしまいます。創設女王はこの不利さを克服するため、一種の単為生殖を使って集合体としては分身と見なせる副生殖虫群を生んでいるのです。創設女王も、もちろん副生殖女王も生物個体としては死にますが、遺伝的には「不死」です。

このようなシステムで、もし王が死に、女王の息子であるオスのニンフから副生殖王が現れると、逆に創設女王からの遺伝子濃度が濃くなってしまうため、不死の女王を相手にして、遺伝子戦略上、王も死んではいられません。論理上こうして、オスの寿命は長くなるよう進化すると予想されるわけです。そして実際、シロアリの王は非常に長命です（それでも死んだ場合は、オスの幼虫の一部が王に育ちます）。女王の場合は大量の卵を生むため物理的な寿命を延ばすのは難しいらしいのですが、綾波《あやなみ》レイ言うところの「私が死んでも、代わりはいるもの」というわけで、遺伝的には不利にならないのです。

最初にやった仕事が好き

このようなクローン生殖は、個体の労働パターンにどのような影響を与えているのでしょうか。成長につれて仕事が変わる齢間分業《れいかんぶんぎょう》はあると思われますが、しかし、年齢だけですべての労働パターンが決まっているかというと、そうでもないようです。

ミツバチの女王は多数のオスと交尾しており、父親の遺伝子型により、個体の反応閾値《いきち》が決まっているという話をしました。しかし、ミツバチのように女王が多数のオスと交尾している種類は例外的で、たいていのハチ・アリでは女王は1～2匹のオスとしか交尾しませんから、1匹の女王しかいない場合、コロニーのなかに高い遺伝的多様性をつくりだす、つまり多くの個性を生み出すことは困難です。また、女王がクローンのワーカーをつくる場合、原理的にワーカー間に遺伝的多様性をもたせることができないため、遺伝制御による個性をつくりだすことはできません。70ページでも触れましたが、そのような遺伝的多様性が低いコロニーで、分業のパターンがどのように決まっているのかは、興味深い問題です。

進化の途中で女王を失い、働きアリが働きアリを無性生殖で生産する、アミメアリと同じシステムをもつクビレハリアリのコロニーを用いたごく最近の研究では、個体が最初にどういう労働を経験するかによって、その後の労働パターンが変わることが示されています。つまり、年齢による影響とは別に、経験による影響が存在するということです。第1章で「アリは一つの仕事をしていても習熟はしない」と書きましたが、それでも若いうちにやった仕事を続けてやりたい、という気持ち（？）はアリにもあるようですね。

私たちも、前述したハキリアリの一種と同じく女王がワーカーと次世代女王をクローン生産するキイロヒメアリというアリを用いて、コロニーのなかのワーカーの大きさの変異が何によって決まっているかを調べています。シワクシケアリで示された（73ページ参照）ように、それが個体の働き方のばらつきと関係しているだろうから、全個体がクローンというアリでは労働分業がどのようにしてつくりだされているかに興味があったからです。

おそらくコロニーはクローン集団と考えられるので、小さいものから大きいワーカーまで揃っているコロニーは栄養条件がいいのではないかと最初は考えました。同じ遺伝子型でも、与えられる栄養の違いが女王やワーカーという階級をつくりだすことが、アリでは常識だからです。そこで、ワーカーが腹の中に貯めている脂肪の量を測ってコロニーの栄養状態を調べ、ワーカーの体サイズのばらつきの幅との関係を見てみました。しかし測定結果は、コロニーの栄養条件はコロニー内のワーカーの体サイズのばらつき加減とは無関係であることを示しました。

キイロヒメアリは一つのコロニーに複数の女王がいます。いろいろ調べてみると、ワーカーの体サイズのばらつきの幅は各コロニーの女王の体サイズのばらつきの幅とだけ相関関係があることがわかりました。要するに、女王の体サイズのばらつきが大きいとワーカーのそれも大きいという結果になったのです。

ある女王がつくるワーカーはすべて女王のクローンだと考えられるので、娘ワーカーは互いに似ているはずですから、この結果は複数いる女王が非血縁者である可能性を示しています。遺伝的変異を検出するためのマーカーを複数用意して調べてみたのですが、残念なことに調べた個体のあいだにまったく変異がなく、研究はここで中断しています。しかし、コロニー内に小さな遺伝的変異しかない、あるいは変異がまったくない種類で、ワーカー間の反応閾値の変異がどうやってつくりだされているかは今後検討すべき課題でしょう。本書では、クローンで構成される社会であっても、その維持のためには個体の「個性」が必要とされるようだ、と指摘するに留めておきます（クローン社会については5章でもう一度考えます）。

それでもやっぱりパートナーがいないと

さて人間社会には、個と集団という要因以外に、もう一つ人生を複雑にする要素があります。そう、男と女の存在です。胸に手を当てて考えていただければわかるとおり、異性の存在は様々な問題をあなたの人生にもたらしてきたことでしょう。そういうことがまったくなかったとすれば、それはとても幸せ（あるいは不幸）なことかもしれません。

生物におけるオスとメスは繁殖のために相手を必要とするので、ある意味カップルは最小の社会だともいえます。となれば、自分の利益のために相手を出し抜き利用する、様々な戦略の出番です。

交尾を巡る雌雄のペアの行動も、紹介してきた社会のなかの様々な出来事と同じくらい複雑で面白いものです。例えばあるハエのオスは、メスと交尾するときに精子と一緒に毒を注入しメスを弱らせます。ヒトの倫理からすれば即逮捕ですが、余命が少なくなったハエのメスは、いまもっているすべてのエネルギーを産卵に費やすため、そのオスの受精卵をたくさん生んでくれます。オスにとって毒を入れることは得なのです。ああひどい。

男から見るとぞっとする話もあります。アリは空中で交尾する種類が多いのですが、空中には鳥やコウモリなどの捕食者がいるため、とても危険です。あるアリでは、メスはオスが交尾器をつなぐといきなりオスの腹を噛み切って地上に下りてきてしまいます。危険な空中にいる時間をできるだけ短くするためのようですが、昆虫版「阿部《あべ》定《さだ》」でしょうか。残った腹の端から精子は送り込まれるのでメスから見れば問題ないようですが、噛み切られるほうからすればたまったものではないでしょう。

しかし、このオスはまだ幸せなのかもしれません。アリでは一般にオスがメスに比べてとても小さいため、第3章で説明したようにメスに偏って資源（エサや労力）が投入されていても、数としてはオスがとても多くなります。必定《ひつじょう》、ほとんどのオスは交尾できず、鳥のエサになる運命が待っているだけです。噛み切られるか、食われるか。私はアリのオスに生まれなくて本当によかったと思っています。

交尾行動を巡る雌雄の対立は、このようにとてもヒト心を波立たせる現象をもたらすのですが、それは本題ではないのでこのくらいにしておきましょう。

さて、究極の利他（利己？）ともいえる完全クローンコロニーでも、社会をもつというアリの宿命から離れることができないために、さらに驚くべき男女の形が生じています。

コカミアリと、私たちが研究しているウメマツアリというアリの女王は、ワーカーをつくるときには有性生殖を行ってオスの精子を入れるのですが、次世代の女王をつくるときだけ自分のクローンとしてつくります。ワーカーは産卵しませんから、オスから見ると次の世代には自分の遺伝子がまったく入らず、進化的には適応度がまったくないことになります。これはとてもヘンな話です。

ところが、よく調べてみると、母親が生むオスのほうには、「父親の遺伝子だけが入っており、母親の遺伝子はまったく入っていない」ことがわかったのです。つまり、オスは女王の腹を借りて自らのクローンたる息子をつくっているわけです【図4】。ということは、繁殖虫であるオスとメスのあいだで遺伝子の行き来はゼロのはず。コカミアリとウメマツアリ両方でオスはオス同士、メスはメス同士で遺伝的に分化した別の集団になっていることがわかっています。つまり、雌雄は同じ母親から生まれ、交尾もし、ワーカーも両者の遺伝子の混合物としてつくるのに、繁殖するオスとメス自体は遺伝的に完全な「別種」となっているのです。正直、この10年間の生物界で発見されたなかでいちばん驚いた現象です。いったいどうしてこんな奇妙なシステムが

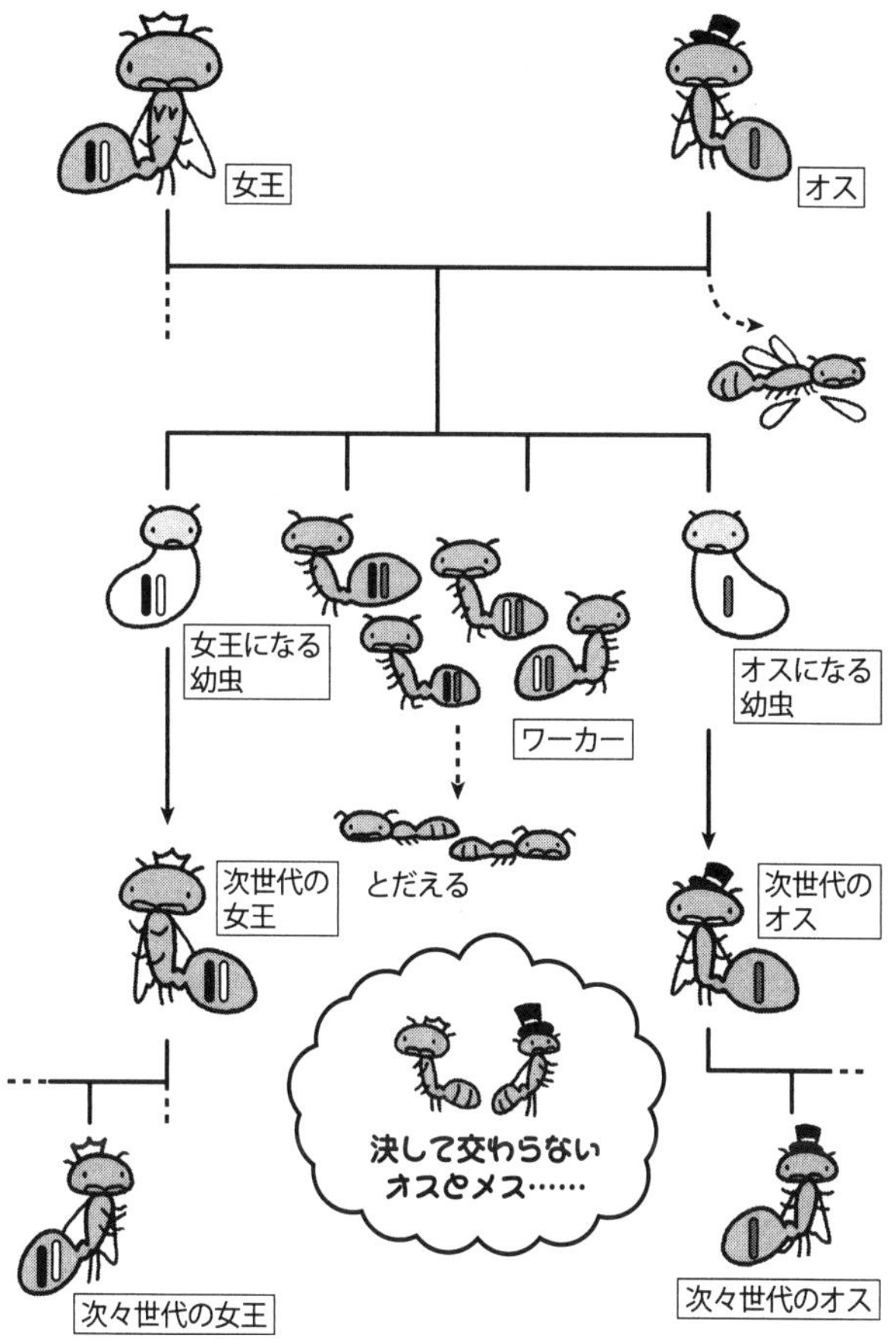

【図4】ある種のアリは交尾によって、父母両方の遺伝子を受け継ぐワーカーと、女王の遺伝子しかない次世代女王、オスの遺伝子しか継がない次世代オスを生み分ける。繁殖能力をもつオスとメスはきょうだい、親子でも、まったく遺伝子関係がないことになる。

進化してくるのでしょうか？

残念ながら、その理由がどのようなものかはまだわかっていません。

社会をもたない単独性の生物では、メスがメスを生むクローン生殖が生じると、次世代を残すのにオスが必要なくなり、メスだけになってしまいます。生物学の定義上、次世代の子（または卵）を生むのがメスなので、アミメアリや前述のハキリアリの一種など、ほとんどの生物のクローン増殖はこのメスだけのタイプです。コカミアリとウメマツアリだけがワーカーをつくるときにオスの精子を入れて有性生殖をするのは、どうもメスとオスの遺伝子を混ぜないとワーカーをつくれない、なんらかの理由があるようなのです。ともかくワーカーの存在なしには女王もオスも生き残ることはできないため、メスによるクローン生殖が可能であっても、遺伝的に異質なオスを、社会を維持するワーカーを生産するためにつくるようです。結果的にオスはオスでクローン生産が必要となり、オスとメスが遺伝的に分化した「別種」になりながら交尾し、有性生殖でワーカー生産を行うという離れ業《わざ》を見せることとなったのでしょう。

やはりここでも、個体の利益と社会の必要性の狭間で個体が採り得る選択肢を選んだ結果、人間から見ると信じられないようなシステムが進化してきたのです。個体にとって「げに恐ろしき」は社会の存在といえましょう。

ちなみにその後、この「オスメス別種システム」はいくつかのアリで発見されており、アリのなかではそんなに珍しい現象でもないことがわかってきました。いずれの場合も、なんらかの理由により、異なる遺伝的ラインが混合することがワーカーの生産に必要なようです。生きていくために「労働」が絶対に必要となるアリの社会では、他の単独性の生物ではあり得ない進化が起こるということなのでしょう。これだけ生物学が進んでも、あっと驚くような現象はこれからもまだまだ発見されていくのでしょう、楽しみです。

第4章のポイント

◎ある種のアリのコロニーには、働かないで自分の子を生み続けるフリーライダーがいる

◎フリーライダーが増えすぎると、そのコロニーは滅びる

◎フリーライダーが滅ぼしたコロニー跡に通常型の新しいコロニーが生まれ、社会全体ではフリーライダーの数は一定に保たれる

◎コロニー同士が混ざった場合、両方に跡継ぎがいると血で血を洗う戦いになる

◎全メンバーがクローンで、コロニー内に遺伝的対立のない究極の利他（利己？）的な社会をもつアリがいる

◎女王が自分のクローンを、王も女王の腹を借りて自分のクローンをつくり、メスとオスが「別種」になっているアリがいる

第5章

「群れ」か「個」か、それが問題だ

庭のネコの生物学的見分け方

社会をつくる生き物たちは、みな「群れ」ています。社会性をもつ生き物以外にも「群れ」をつくる生物は数多くいます。しかしいったい「群れ」とはなんでしょう。例えば、あなたの家の庭に近所のネコが3匹いたらそれは「群れ」なのでしょうか？

このような「群れとはいったい何か」というような概念の定義にかかわる問題は「定義論」と呼ばれ、科学においては定義の意味がハッキリしていれば、研究のなかでその定義自体に疑問を呈することに意味はないとされています。しかし、そもそも定義がハッキリしていないものについて、おのおのが勝手な定義で好き勝手に意見を述べても、議論が実り多きものになることはないでしょう。というより、世の中の意見の食い違いは、話していることの定義の違いを意識していないことから来ている場合も多いのです。生物というものを、群れの観点から見てみると何が見えてくるかを扱うこの章では、議論を意味のあるものにするため、生き物がどのような状態にあるとき「群れ」と呼ぶべきなのか、という話をまずしましょう。

先に出した「庭にネコが3匹いる」という状況を考えてみます。このネコたちが、お互いの存在にも気づいておらず、互いになんの関係ももたず庭という範囲に存在しているだけだとしたら、誰もがそれは群れではないと思うでしょう。しかし、その3匹が、互いの位置を把握していて、獲物である1匹のネズミを追い詰めるために互いの位置を調整しているとしたら、これは群れだと思うでしょう（実際にネコが互いに協同することはありませんが、ライオンなどはこうした行動をとります）。

われわれがある生き物の集団を群れだと思うかどうかは、狭い空間に複数の個体がいるからという根拠によるのではなく、その個体の集まりに、全体として群れるなんらかの意味があるかどうかにかかっています。一般的な直感でいってもそうなのですから、まして科学がそういうものを群れとして定義しないと、個体がどのように相互作用することで群れが保たれているかとか、群れ同士の相互作用とかを研究対象にすることができません。科学で定義する「群れ」においては、ある広さのエリアの中にどれだけの個体がいるかではなく、個体間にどのような相互作用があり、どういう場合に群れとして振る舞うのかということが重要になります。

空間的な広さが問題ではない例として、ゾウの群れがあります。ゾウは少数の個体のいくつかの集まりが数㎢もあるような広い空間に散在していますが、人間の耳には聞こえない低周波で交信しており、互いの位置を把握し、緊急時には集合して子どもの防衛などの機能を果たす「群れ」として振る舞います。

また、複数の個体が集まっていれば群れと呼べるわけではないことは、池のなかの石の上でひなたぼっこをしているカメたちを考えてみればわかります。確かに、池のなかの石の上にはたくさんのカメたちがひしめき合っていますが、彼らは個別に日に当たっているだけで、集団全体としてなんらかの機能を果たしているわけではありません（少なくともいまはそう考えられています）。このような場合、いくら個体の密度が高くても、群れとしての意味を考えること自体が無意味です。

一言でまとめれば、生き物の「群れ」とは「集団全体がなんらかの機能をもつ、互いに相互作用のある複数の生物個体の集まり」と定義できるでしょう。

なぜ群れるのか

さて、このような「群れ」は様々な生物に見られます。サルやライオンやオオカミの群れは誰もが知っているでしょう。鳥も群れをつくるものが多く、空を渡っていく渡り鳥たちも、先頭の鳥が切り裂いた空気の流れを利用して、他の鳥が空気抵抗の少なくなるような位置取りをした結果「へ」の字型の編隊になるわけですから、群れと呼んだほうがよいものでしょう。

群れは同種の個体だけでできるわけではなく、小鳥などは数種類が交じり合った「混群《こんぐん》」と呼ばれる群れをつくります。捕食者に対する警戒法を異にする種類が交じり合うことで、特定の種が個別にいるよりも、様々な捕食者を群れ全体として発見できる効果があると考えられています。

生き物は無駄なことをしないので、群れをつくることにより、群れのメンバーの適応度をあげる効果があると推測されます。個別の事例について、群れ形成の意味を考える研究はたくさん行われていますが、ここではもっと一般的な群れることのメリットを考えてみましょう。

このメリットは第3章で触れた「群選択」とどう違うのか、と思われる方もいらっしゃるでしょうから、少し説明しておきましょう。群選択とは、アリのコロニーのように集団のあいだで競争があり、どちらの集団が生き残りやすいか、ということが競われている場合に使う言葉です。つまり、どちらの集団が生き残るほうに選ばれるのか、という観点です。一方、ここでいう「群れるメリット」は、混群のように群れることで個体の適応度(遺伝子を残す度合い)があがることを指し、集団のあいだの競争は想定していません。とても些細《ささい》でどうでもいい区別だと思われるかもしれませんが、科学という思想は、そのように厳密な区別に基づいた論理であるからこそ、様々な場合の現実世界を操作できる法則を見つけられるのです。

閑話休題、一般的な群れるメリットとしてまず挙げられるのは、集団をつくるだけで「捕食回避」の効果があるということです。捕食者が1匹の獲物をとれば満腹するとしたら、2匹でいると自分が食われる確率は半分にさがります。もっと大勢でいれば自分が襲われる確率はもっとさがります。小魚がときに大集団をつくるのはこの効果を狙ってのことだと考えられています。小魚の群れのなかの1匹1匹の動きを観察すればわかりますが、魚たちは常に集団の内側に入り込もうとしているために、密な群れが保たれているのです。この行動も、捕食者は通常群れの外から襲いかかるので、内側にいるほうが捕食を回避できる確率が高いからだと解釈されます。

小鳥がエサをとるときに集団をつくる場合もこの効果があるのですが、小鳥の群れには別のメリットもあります。小鳥の捕食者は猛禽類《もうきんるい》などの捕食性の鳥類である場合が多く、小鳥は常に上空を警戒しなければなりませんが、エサをついばむときは下を向くため、それができません。1羽だけでいると、エサをとることと上空の警戒を同時に行うことはできないのですが、群れをつくることでこの問題は解決できます。

つまり、群れのなかの誰かが警戒していればよいのです。自分がエサを食べているときは誰かが見ていてくれ、自分が見ているときは他の鳥たちがエサを食べられます。実際、小鳥は捕食者を見つけると「警戒声」と呼ばれる鋭い鳴き声をあげて他の鳥に敵の来襲を知らせ、それによって群れ全体が回避行動をとることが知られています。鳥の場合は血縁関係にない別種も交じり合っているので、例によって自分は協力せず群れのメリットだけを享受しようという裏切り者も観察されています。

鳥の例で重要なのは「群れ」をつくった結果、1匹では同時に成し遂げることができない複数の行為を同時に行うことができるようになる、ということです。これは群れ形成の2番目に大きなメリットで、社会性昆虫も複数個体が協同することで防衛と採餌《さいじ》や巣の維持などの複数の仕事を同時に処理します。

群れのなかの1匹1匹の能力が変わらなければ、群れ全体のなかの1匹あたりの仕事処理量は変わりません。それでも群れることによる並列処理機能は非常に大きな効果をもっています。やっと仕事が終わり、みなが帰り始めたとき、課長がやって来て「明日までにこの伝票つくって。遅れると取り引きつぶれるからね。絶対遅れちゃダメ」と言われたとします。あなた一人ではとても間に合わない作業量だったとしても、帰りかけていた同僚を強引に引き止め、手伝ってもらったらどうでしょうか。一人では無理でも二人、3人でやれば2分の1、3分の1の時間でやり遂げることができます。つまり、時間が制限されている場合、「群れる」ことはとても有利なのです。なぜか生物学の世界ではいままであまり顧みられなかった効果ですが、実はみなさんのほうがその絶大さをよくご存じなのではないでしょうか。

他にも群れの効果はあります。例えば、1匹で寒いところにいると、体表から熱が奪われるためすぐに体温が失われますが、複数の個体で集まっていると、群れ全体の体積あたりの表面積が、くっつきあった分だけ小さくなるので、保温効果が大きくなります。昔のドラマでは、冬山に二人残された男女のうち男が「さあ、裸になって抱き合うんだ! 恥ずかしがっている場合じゃない!」とか言ったりしており、子どもの私は「ギャグか!」と思っていましたが、あながち根拠のない提案でもなかったわけです。

また、集まることで自分(たち)を大きく見せ、捕食者を威嚇したり攻撃をあきらめさせたりするなども、群れることの効果です。夕方に空を群れ飛ぶムクドリの集団が密集した状態から急に広がったり、いっせいに方向転換して投影面積を変えたりするのには、この効果があるといわれています。

一風変わった群れの効果も報告されています。ツチハンミョウという昆虫は1齢《れい》幼虫が花の中にいて、やってきたハナバチにつかまって巣まで運ばれ、ハチが花粉団子に産卵するときに団子に乗り移り卵もろともそれを食べて成長する、という習性をもっています。ファーブル昆虫記に載っているエピソードで、昆虫愛好家にはよく知られた習性です。このツチハンミョウのある種では、1齢幼虫が多数集合することが知られていました。なんのために集まるのかはずっとわからなかったのですが、数年前、幼虫集団自体にハチが寄ってくることが明らかにされました。驚くべきことに、どうも幼虫集団は「花に化けて」いるらしいのです。幼虫1匹1匹はとても小さいため、1匹では花に化けることはできません。非常に珍しい「群れの効果」であるといえるでしょう。

このように群れの効果はたくさんあるわけですが、かといってすべての生き物が群れているわけではありません。世界には1匹1匹バラバラに暮らし、交尾などの特別なとき以外には、同種の個体とまったくかかわらない生き物もたくさんいます。例えば爬虫類の多くは卵で地中などに生み落とされ、生まれたときから一人でエサを探して暮らすため、父親はおろか母親の顔もまったく知らずに育ちます。何年も経ってつがい相手と出会うまでまったく同種とかかわらない生き方をする個体もいるでしょう。

こういった種類はなぜ群れないのでしょうか。群れをつくることはいいことずくめではなく、なんらかの不利な点もあるのでしょうか。次節では、群れをつくることのデメリットを見ていきましょう。

なぜ群れないのか

「群れる」という選択があるのなら、「あえて群れない」という選択もあります。人間社会でも個人で行動し、他人の判断にしたがうことを好まず、自分の判断で行動するのを好む一匹狼といわれるような人がいたりします。ヒトの場合は個人の好みですが、生き物では利益のない行動は進化しないので、群れないことにも意味があるはずです。逆にいえば、群れることのデメリットが大きい場合、群れる行動は進化しないのです。では、群れることのデメリットとはどんなことでしょうか。

むごいようですが、生き物の基本的関係は食う・食われるの関係です。光合成で光のエネルギーを活動エネルギーに変換できる植物と異なり、動物は自分でエネルギーをつくりだすことができず、体外からエネルギーを取り入れなければなりません。これが食べるという行為です。おとなしい草食動物も、植物という他の生き物を食べていることには変わりありません。肉食動物からすれば、かわいらしいウサギといえど食べられるものはすべてエサです。同種なら共食いしないというわけでもなく、大きな個体が小さな個体を食べてしまう種類もたくさんいます。

さて、「群れる」＝《イコール》「たくさんの個体が集まる」ということですから、食べる側から見るとごちそうの量が増えることになります。もし、見つけたり捕まえたりする労力が変わらないとしたら、食べる側としては群れを襲ったほうがいいことになります。

実際、小魚を食べているイルカやクジラは、自分たちも群れをつくって小魚の大群を取り囲むように泳ぎ、徐々に包囲網を小さくしていき、中心部に大群を集めたうえで一網打尽に食べてしまう行動が知られています。もし小魚がバラバラに泳いでいたら、大きなクジラがそのような魚を1匹ずつ追いかけるのは非常に効率の悪い作業でしょう。また、大きな群れはよく目立つので発見しやすく、これも捕食者にとっては群れを探したほうが有利な理由になります。群れになることには、前節で述べたような捕食を回避する効果がある一方で、逆に捕食者にとって格好の標的になってしまうデメリットもあるのです。

もう一つ、群れることの大きなデメリットとして提唱されている説があります。つい先年「新型インフルエンザ」がはやりましたが、当時喧伝《けんでん》されたことの一つに「人混みに行かない」という予防法がありました。伝染病は個体同士の接触や感染した他者の呼気から別の個体へとうつっていくため、群れている場合、群れのなかの誰かが伝染病になると、みんなが危険にさらされます。こんなときは一人っきりでいたほうがよいことになります。

実際、新型インフルエンザの流行時には、パンデミック（大流行）から身を守るため食料の備蓄を行い、2週間程度は家から出ないで過ごせるようにすべきだという提言が放送されていました。この提言は公共的な観点から、感染者が急激に増えることをできるだけ防ぐ方法としてなされたようですが、人間社会とはいえヒトも動物ですから、「自分さえかからなければ」という利己的な視点で納得した人もいたかもしれません。第4章で紹介したとおり、「社会あるところにそれを利用しようとする利己主義あり」ですから。

公平を期すため付け加えますと、このときはそんな提言と並行して、大量の感染者によって社会機能が支障を来《きた》す危険性に備え、警察官や医療関係者にワクチンを優先的に接種する対策もとられました。パンデミックの恐怖は、「ヒトはいかに社会なしに生きていけない動物であるか」も浮き彫りにしたわけです。

さて以上で、群れで暮らすようになると、増大した資源価値を利用しようとする生物同士の相互作用により、群れの危険が大きくなる場合があることをお話ししてきました。群れるべきか群れざるべきかは、メリットとデメリットの天秤がどちらに傾くかによって決まると考えられています。が、検証はあまりできていません。え、「よくわからないことが多すぎる」って？　だから私たち生物学者にはまだまだ仕事があるのです。

少し話は変わりますが、群れで暮らすことしかできなくなったアリやハチでは、こうした群れることのデメリットをどう軽減しているのか、ということも研究課題の一つになっています。他の群れと同様、病気の危険は増えるものの、社会のなかにそれを少なくするシステムが埋め込まれているのでは、という仮説がそこでは提唱されています。

例えばアリの多くは、互いに体を舐め合ったり口移しでエサを与え合ったりしますが、これは病気をうつす可能性を高めるのと同時に、病原菌を殺す抗菌物質をコロニー全体に広げるのにも有効です。自分の手の届かない場所に菌がいても、他の個体に舐め取ってもらえます。ヒトの体の中で、免疫細胞が病原菌を直接殺したり抗体をつくって対抗したりするのと似ており、コロニー全体として見ると全体を守る免疫のように働くため、「社会性免疫」と呼ばれたりしています。

本書の冒頭で、この章では群れの観点から生物の進化を概観すると述べました。ここまでは一般的な群れることのメリット・デメリットを紹介してきましたが、以下は目線を少しミクロに転じ、細胞レベルでの群れの意味を考えてみましょう。

われわれヒトもたった一つの細胞である受精卵が分かれて増えてたくさんの細胞になり、それらが様々な器官に分化してできたことはご存じですよね？　そう考えると、われわれの体そのものが一つの「社会（群れ）」なのではないでしょうか？　そうすると「個体」とはいったいなんのことなのでしょうか？　ここではそれを考えます。

完全な個体

われわれは自者・他者それぞれを別々の生き物だと認識しており、それを名指して「個体」という言葉があります。僕と君は別の人（個体）と言えば、誰もなんの疑問ももたないでしょう。そもそも「我」とは他とは異なる「この私」を指す言葉で、自分が他人と別の個体であることに疑問を抱く人はめったにいません。

ところが、われわれヒトを含む多くの生き物は、たくさんの細胞が集まってできている多細胞生物です。細胞の一つひとつはそれぞれがゲノムDNAをもっており、細胞分裂で自分のコピーを増やしていきます。これはどこかで見た構図です。そう、同種の集団内でそれぞれの個体が自分の子どもを生んで増やしていくのと似ていますね。

こういう構図のもとでは、いままでの章で見てきたように遺伝的なラインのあいだの増殖率の違いにより、競争に勝つ特定のラインが増えていくことも、それを「進化」と呼ぶことも、見てきたとおりです。

では、個体をつくる多数の細胞のあいだでそういう競争は起こらないのでしょうか？　なぜ、複数の細胞は様々な器官に分かれ、統合された個体という「完全な社会」として振る舞えるのでしょうか。

秘密は二つあると考えられます。一つは、われわれをつくる細胞が、最初はたった一つの受精卵から分かれて増えたものだということです。細胞は分裂するときに自分の核ゲノムDNAをコピーして2倍にし、分かれて二つになる細胞のそれぞれに渡します。ですから、基本的に一つの受精卵から分かれて増えたすべての細胞は遺伝的に同じ（血縁度1）なのです。ということは、相手が子ども細胞を残すとそこには自分と同じ遺伝子のコピーが必ず含まれるということです。第3章で説明したとおり、相手との血縁度が高ければ高いほど包括適応度が高くなりやすく、協同が進化しやすくなります。多細胞生物では、腕や脳など様々な器官に分化して協同し、個体を形づくっていますが、それらはみな一つの細胞のコピーなので、実はどの細胞が子どもを残そうが同じことなのです。つまり、個体内の進化は遺伝的に「完全」ということです。すべての細胞が遺伝的に同じなら、細胞のあいだで、誰が次の世代に遺伝子を伝えるかという競争は原理的に無意味です。

もう一つの秘密は、多細胞生物では多数の細胞が協同していますが、次の世代に遺伝子を残せる器官はたった一つしかないということです。いうまでもなく卵巣または精巣です。そこでつくられた卵子及び精子のみが次世代の子どもをつくるときに使われ、その他のすべての器官は子どもに自分のコピーを伝えることができません。これはあまり注目されていませんが、実はおおいに意味のあることです。

多細胞生物の細胞は遺伝的に同一だといいましたが、DNAのコピーは完全に正確に行われるわけではないので、厳密には体の各部分の細胞はきわめて高い血縁度をもつ一方、塩基配列が異なっている可能性もあります。「他人同士」だとすると、それらの遺伝的ラインのあいだに主導権を巡る競争が起こるはずですが、卵巣、または精巣になった細胞以外は次世代に子どもを残せません。ですからそれらの器官は、反乱して個体全体が残す子どもの数を減らしてしまうよりは、血縁度がきわめて高い生殖細胞系列が子どもを残すほうを選んで、血縁選択による適応度を高めるように進化したと考えられます。

もし、各器官がそれぞれ次世代に子どもを残すことができるとすれば、各器官のあいだで競争が起こり、器官の分業によって保たれている個体自身の高い機能性は失われます。その結果、すべての器官と細胞が所属しているその個体は、他の個体との競争に敗れて滅びてしまうでしょう。

第3章や第4章の議論を思い出してください。多数の細胞が集まった個体を一つの「社会」と考えると、その進化と維持も血縁選択や群選択、長期的適応度の観点から解釈できるわけです。本章の最初で「群れ」とは「全体がなんらかの意味をもつように相互作用する個体の集団」と定義しましたが、ここでいう「個体」も、細胞を単位とする群れとして同一の論理で解釈できます。そんなことする必要あるのか?と思われるかもしれませんが、科学とは、世の中の物事を単純な論理で説明していく活動なのです。いまは言葉遊びと思われるような理論でも、将来的にこの理論を応用することで、人体の謎のいくつかが解ける可能性だってあるかもしれません。

群れとして解釈できるとはいっても、われわれが体感するように個体は社会よりも遺伝的に純化されており、より完全です。あるいは、そのような純化されたものしか多細胞の「個体」として分業することができなかったのかもしれません。しかし、「完全な個体」にも反乱は起こります。人類がいまだに克服できないでいる「癌」がそれです。癌細胞は正常な細胞がなんらかの要因で変化した細胞で、個体に対する忠誠を失い、周りの器官から栄養を吸収して増え続ける裏切り者細胞です。自分たちが増えることだけに専念し、個体の維持に協力しないので、そのままにしておくと個体は死に至ります。ちょうどアミメアリにいる、働かず、繁殖だけを行う遺伝的チーターのようなものです。アミメアリでこのチーターに寄生されたコロニーが早晩《そうばん》滅びてしまうのと同様、癌細胞も宿主を滅ぼします。そうすることで癌細胞自身も滅びますが、そういう場合でもチーターの進入を止めることができないのは、個体も社会である以上、どうしようもないことだといえるでしょう。

不完全な群体

それでも、個体はまだましです。もともと一つの細胞から分かれて増えたものですから、細胞間の血縁度は1ではないにせよきわめて高いし、繁殖できる経路も厳しく制限されています。しかし、多数の個体が集まってできているヒトやムシの社会では、協同するうえでこれらの条件がはるかに厳しいことになっています。血縁度は高くてもアリやハチで4分の3くらい、社会のほとんど全員が潜在的には繁殖可能です。場合によってはまったく血縁関係のない個体が協同していることすらあります。かように社会という名の群体は「不完全」なため、第4章で見たように、裏切りが常に起こるのです。

不完全な群体では、裏切りを少しでも少なくするための監視システムが進化することがあります。ヒトの社会でも、自分の利益のために他人の正当な利益を侵害すると罰せられるシステムが整備されています。例えば、泥棒すればどこの国でも法律により罰せられますし、会社の金を使い込めば、やはりとんでもないことになるでしょう。ニュースで流れる事件報道を見ても、法制度などのシステムが裏切りを完全に止めることができないのは明白ですが、それでも世の多くの人々がまじめに生活しているということは、ある程度の抑止効果があるわけです。

ムシの社会でも法のようなシステムが進化しているものがいます。例えば、ミツバチの女王がたくさんのオスと交尾していることは何度も述べてきましたが、ミツバチのワーカーたちは、オスになる卵が女王のものかどうかをチェックしており、ワーカーが稀《まれ》に生む卵はすぐに取り除いて食べてしまいます。ワーカー全員がこのような監視を行うので、ワーカーによるオス生産はほぼ完全に阻止されます。女王の娘であるワーカーから見ると、自分の息子との血縁度は2分の1、女王が生む弟との血縁度は4分の1、さらに父親が異なる姉妹が生む甥《おい》との血縁度は8分の1になる（93ページ図2参照）ので、包括適応度を考えると、ワーカーは自分の息子を残せばいちばん血縁度が高いのですが、他のワーカーがオスを残すくらいなら女王がオスを生むほうがましだというわけです。

これが原因となって、ワーカー同士が互いを見張り、産卵という裏切りを許さないのが個体にとって有利になることになり、実際そのとおりに行動をしているわけです。なんだか隣人同士が行動を監視し合う、ジョージ・オーウェルの『1984』のような恐怖社会に思えますが、進化理論とは完全に整合しています。同様の行動はアリでも発見されており、相互監視はムシの社会で裏切りを許さないためのシステムとして一般的なようです。

一方で、女王が1回しか交尾しなければこのような状況は起こらず、自分の息子は血縁度2分の1、他のワーカー（血縁度4分の3の妹）が生んだ甥でも血縁度は8分の3になり、女王の生んだ弟に対する血縁度4分の1より高くなります。したがって、ワーカーが生んだほうがどのワーカーにとっても必ず有利になるのですが、不思議なことにこれまで観察されたほとんどの種類で、オスを生むのは女王の仕事です。そういう種類でも、ワーカーが産卵すると他のワーカーが卵を除去したり、産卵しようとするワーカーを攻撃して産卵させないようにしたりするのです。

これは血縁度に基づく理論と合わないのですが、一つの仮説として、ワーカーが産卵するようになると労働効率がさがり、コロニー全体の生産性が落ちるため、ワーカー産卵を阻止する機構が進化したといわれています。非常に面白い仮説で、他は同じ条件にしてワーカー産卵があるコロニーとないコロニーの比較をすれば証明できるのですが、女王がいる状態でワーカーに産卵させることがなかなかできず、いまだに実証されていません。したがって、なぜ1回交尾の女王の種類でもワーカー産卵が起こらないのかは、社会性昆虫学に残された謎です。

動物の社会に共通しているのは、不完全な個体から完全な群体が進化したのではなく、完全な個体から不完全な群体が進化したという流れです。第4章で紹介したように、社会性生物では、その不完全さゆえに生物学的に興味深い様々な現象が進化してきたといってもよいでしょう。完全で無味乾燥なものは面白くないのかもしれません。

不完全な群体を超えて

複数の個体が集合して暮らすコロニーという群体。遺伝的に不均質な個体が協力するそのシステムが、個体の適応度を最大化するという進化の法則とあいまって、裏切り、抜け駆け、なんでもありの個と群を巡る無限のらせんを描きます。個が立ちすぎれば群もろとも滅び、他者のために尽くせば裏切り者に出し抜かれる。この無限のらせんから逃れるすべはないのでしょうか。ここでもう一度われわれの体、個体のなかの細胞群を思い出してみれば、可能性が見えてきます。

複数の細胞が集まって協同する多細胞生物では、たった一つの受精卵が分かれて増えた遺伝的に均質な細胞が様々な器官に分化した結果、細胞間の進化的対立のない完全な群体をつくることに成功したのでした。ということは、個体が集まったコロニーでも、個体間に遺伝的な差異がなければ、裏切りの根源である「誰が繁殖すると自分が得なのか」という進化的対立が生じないことになります。そんなシステムは不可能なようにも思えますが、事実は小説より奇なりというやつで、人間が思いつくたいていの現象は生物の世界に存在します。

琉球大学の辻和希博士は、キイロヒメアリというアリで、ワーカーからなる「女王のいない」コロニーに「女王のサナギ」を加えて飼い続けると、サナギからかえった女王はワーカーになる卵を生み、コロニーが充分大きくなると最後には新たな女王が育てられることを発見しています。この場合、最初の女王はサナギだったわけですから、オスとは交尾していません。「処女懐胎」が起こるのは、この種の未交尾の女王は無性生殖でワーカーや女王をつくれるからと解釈されます。第4章で紹介したハキリアリの一種のクローンコロニーと同じですが、ハキリアリのほうは、遺伝マーカーを使ってコロニーの遺伝的同一性を調べただけで、このような処女懐胎を証明しているわけではありません。

キイロヒメアリのワーカーは卵巣を失っていることもわかっているので、女王がワーカーと新たな女王になる卵を生んでいることも確実です。つまり、生まれてくるワーカーも女王ももとの処女王の遺伝的なコピーであり、コロニー内の個体間には遺伝的な不均質性に基づく進化的対立がない、つまり誰の子を残すかを巡って争わなくていいことになります。ワーカーは産卵しませんから、ヒトの体にたとえるとワーカーは胃や腸などの器官と同じく労働に専門化した器官であり、女王だけが次世代の繁殖に参加できる繁殖器官、つまり卵巣です。このアリのコロニーは、複数の個体からなりたっていても多細胞生物の体と同じ、真の「超個体」というべきものです。

このようなシステムは個体（細胞群）をそのままコロニーに置き換えたのと同じものであるといえます。このコロニーは、「完全な群体」と呼ぶべきもので、不完全な群体に見られる対立や裏切りが存在しない理想のシステムであると考えられます。対立からくるコロニーの非効率性を排除でき、協力を極限まで高めることが可能だからです。

そんなにすばらしいのなら協同を行うすべての生き物がこのシステムを採用してもよさそうなくらいです。しかし、この「超個体」システムはわずか数種類のアリで見つかっているだけで、実際はほとんどの社会性生物が不完全な群体です。なぜ、完全な群体システムは少数派なのか？

これはまだ解決されていない問題ですが、いくつかの仮説はあります。これは第4章で、クローンのコロニーにも個性が必要だと述べた理由の説明にもなります。

一つは、遺伝的に同質な個体の集合は伝染病に対する抵抗性が弱く、コロニーが滅びやすいからという仮説です。特にウィルスは細胞表面の構造を認識して取り付くため、特定の遺伝子型の細胞がウィルスに感染しやすい特徴をもつことになります。このため、コロニー内に多様な遺伝子型が存在すれば、感染から逃れる個体も多くなりコロニー全体が滅びる危険が減るわけです。これは、遺伝的にはクローンの子どもを無性生殖でつくったほうが次の世代に残る遺伝子数は多くなるのに、実際には雌雄が受精卵を残す有性生殖の生物が圧倒的に多いのはなぜかという疑問に答える仮説と同じメカニズムです。

もう一つの仮説は、遺伝的に同質な個体からなる完全な群体では、個体間に充分な反応閾値《いきち》の変異をつくりだすことができず、分業がスムーズにいかないためコロニー全体の効率が落ちてしまう、というものです。

　構成員のあいだに、労働刺激に対する反応性の違いが存在することがいかに重要かは第2章で説明したとおりですが、この仮説はそれを根拠にしており、行動学的観点から見て大変興味深い解釈です。このメカニズムはミツバチなどに見られる女王の多数回交尾が、ワーカー間の血縁度をさげてしまうにもかかわらずなぜ行われるのかや、多女王制と呼ばれる、一つのコロニー内に多数の女王が存在する進化的理由としても提唱されているものです。一言でいえば、コロニーの労働効率をあげるためにはコロニー内に遺伝的多様性が必要なのです。こちらの仮説に関しては、女王が多数回交尾を行う種についての検証例が少数ありますが、完全な群体種で反応閾値の変異がどのように保たれているのか（あるいは不完全な群体種に比べて小さいのか）はまったく調べられておらず、これからの研究テーマです。

　ともあれ、完全な群体がその完全さゆえに集団全体に及ぶ不利さをもっているとすれば、ここでもやはりコロニーレベルの効率と持続性のあいだに綱引きがあり、その兼ね合いでどういう性質が進化してくるかが決まっていることになります。この観点はヒトの社会にも当然存在しています。

最近企業は、非正規雇用労働者を増やしたり賃金の上昇率を抑えたりすることで労働生産性をあげることに邁進《まいしん》していますが、こうした対処が労働者の生活基盤を悪化させ、それが一因となって社会全体の消費意欲がさがっています。企業は商品を多く売ることで利益を出し、会社を存続させるのですから、こういう状況が企業の存続に有利なわけはないでしょう。まあ、多国籍企業になったり、労賃の安い海外に工場をつくったり、海外に商品を売ったりして儲ければ、という考え方もありますが、そうすると今度は国内の産業基盤が弱くなり、国が長期的に存続するかどうかが問題になるでしょう。

こうした経済のグローバリズム化がもたらす問題は、国の境界と、いままでその内部に留まっていた企業の境界が同じものではなくなってきたことに起因しています。アミメアリの利他者が利己的なチーターの侵略を受けても存続することができるのは、地域集団内でチーターの移動性が限定されている（集団が構造化されている）からでした。しかし、経済のグローバリズムは地域ごとに分かれていた経済圏を世界に拡大してしまうので、利己的なチーターの局所的な絶滅と利他者の再興で平衡が保たれるような機構が働かなくなります。土俵が一つになってしまえば、利己者によって食いつぶされればすべてが終了ですし、モノの生産と流通を行わないヘッジファンドなどが企業活動の利益を吸いあげて、一つになった経済圏全体の経済基盤を弱めてしまう動きに対抗できません。

「地産地消」やスローライフが推奨されるのは、経済圏を閉域化し、集団ごとに分かれた構造を保つことでグローバリズムがもたらす弊害に対抗しよう、というアイデアのように思われますが、金銭的利益が「経済適応度」として一義的に重要視され、経済圏が地域や国を超えて広がってしまった現在、問題解決はなかなか困難であるように思われます。もちろん私は経済の専門家ではありませんが、ヒトの社会をムシの論理で見たときに見えてくることもあるのではないでしょうか。

結局、組織の効率追求と組織自体が存続できる可能性の綱引き、という点ではヒトの社会もムシの社会も同じことです。というより、「群れ」の甘い蜜を一度吸ってしまうと、まことに面倒臭い、「群れか個か」という問題から逃れるすべはないのです。

第5章のポイント

◎生物が群れをつくると、自分が食べられる確率がさがる「捕食回避」効果がある

◎自分がエサを食べているあいだ、仲間が周囲を警戒してくれる防衛効果もある

◎数が集まると、短時間で作業が完了する効果もある

◎群れは捕食者にとって格好の標的になるデメリットもある

◎群れのなかに伝染病などのリスク（危険）が発生すると、全滅の危険もある

◎様々な遺伝子が混在する社会では裏切りを防ぐ監視システムが進化することがある

◎理想的なはずのクローン社会が多数派にならないのは、多様性がないと伝染病に弱く、分業もスムーズにいかないためらしい

◎利己者の圧勝を防ぐためには集団内に構造が必要になる

終章　その進化はなんのため？

食べ始めたとき、進化した

現在の生物の世界はとても多様です。世界中に生物が何種類いるのかはまだまったく明確になっていませんが、現在記録されているものだけでも数百万種はいるでしょう。しかし、発見されているすべての生物が核酸（DNA、RNA）に書かれた遺伝情報をタンパク質に翻訳して生命活動を行うことなどから考えて、地球の歴史上、生命はたった1回しか現れなかったと考えられています。ということは最初、生物はたった1種類だったはずです。それが長い進化の過程を経てたくさんの種類になり、生物の世界はどんどん多様化してきたのです。

ある性質の生物が別の性質をもつ生物に進化する理由を説明できる原理は、現在二つしかありません。一つは本書でずっと説明してきた、生物の適応度に影響を与えるような性質が、自然選択されてきたことによる「適応進化」です。

もう一つは国立遺伝学研究所の故木村資生《きむらもとお》博士により提唱された「遺伝的浮動」による進化です。紙幅が尽きたため、ここでは詳しく説明しませんが、遺伝的浮動は自然選択されない（＝機能をもたない）性質の進化を説明する理論なので、この二つはすべての性質の進化の領域を互いにカバーしており、この二つだけですべての進化が説明可能です。

一部の人々は、適応は自然選択以外の要因によって起こると主張していますが、複数の候補のなかから最も環境に適した性質が選ばれて残ることによって適応が生じた、とする説明（自然選択説）に論理的な誤りはありません。したがって、もし反自然選択を標榜《ひょうぼう》する人々が「適応は自然選択によるものではない」と証明したいのなら、生じてくる変異が「(たとえば神の加護によって）必ず環境に最も適したものだけであること」を実証すればよいのです。もしそうなら「選択」されていないわけですから、自然選択による進化は事実ではないと証明できます。しかし、「自然選択と、そこから予測される適応が観察された」という研究例は無数にありますが、前述したような変異を実証したという研究は、寡聞《かぶん》にして知りません。

一方、自然選択が適応の原因だと考えた場合、生物がなぜこんなに多様化したのかは、以下のように説明できます。

環境に最も適したものが残る、というときの「環境」とはいったいなんのことでしょうか。もちろん、気候などの物理的環境も生物の機能を選択する大きな要因ですが、この本で何度も出てきたように、捕食者や競争相手の性質という生物的環境も、生物の機能選択に大きな圧力をかける、重要な「環境」です。実際、地球上に生命が現れてからかなり長い時間、生物は原始的な植物のようなものだけでした。もちろん地域ごとに物理的環境の変化に伴ってある程度の多様化はしていたのでしょうが、化石を調べると、生物の種数が飛躍的に増えていくのは「植物」を食べる「動物」が現れた後であることを示しています。

前に説明したように、動物は生きるために他の生物を食べる「必要」があります。食べられる側は食べる側を「必要」としていませんが、食べる側はストーカーのようにつきまとい、決して放っておいてはくれないのです。この構図はどこかで見ました。「社会のなかの個体たち」や「オスとメス」のように、相手なしにはなりたたない関係です。

この「食う・食われる」という関係が生じたことにより、いままでのほほんと光合成だけしていればよかった植物たちも、「食べられる」という新たな状況に反応して、新たな進化を遂げなければならなくなったのです。例えば、トゲをつけたり毒物質を蓄積したりという具合に。動物たちも植物の対抗策にさらに対応し、新たな性質を獲得しなければならなくなったでしょう。

また生物は、特定の食べ物に適応してしまうと他のものを食べにくくなると予想されるため、「食う・食われる」の関係は、少数の種類間にのみ成立する関係になりやすいと思われます。なぜなら、生物の遺伝子に変化を起こす突然変異は偶然によって起こるため、場所によって現れる遺伝的変異が異なり、進化の方向が様々になるからです。

つまり、同じ種類同士のあいだで同じような相互作用が起こっていても、その後の進化の方向は同じとは限らないのです。とすると、最初まったく同じだった種が、地域によって最初とは違う関係に進化してしまうことになり、どんどん多様化が進むでしょう。

こうして、「食う・食われる」という二つの生物が相互干渉する関係が生じたことで、選択への圧力のかかり方が種や地域の違いで様々に多様化し、それぞれに反応した選択を行った結果、現在のような生物が進化してきたのだと解釈されます。

これと同様なことは「オスとメス」や「社会」の誕生をきっかけにしても起こったでしょう。相手がいること、そして相手も自分に対応して進化し続けることが、進化の無限のらせんと、場所ごとに異なる進化のパターンを生みだします。

こうして、最初一つの生物から始まった世界は、現在見られるとても多様な状態になったのです。

自然選択説の限界

このような進化が生き物の世界に、社会とそれに伴う複雑な生物現象を生じさせてきたことはお話ししてきたとおりです。それではたして、進化の果てにたどり着くべき理想像のようなものはあるのでしょうか。

人間の社会には「働かざるもの食うべからず」という諺《ことわざ》があります。イソップ童話の「アリとキリギリス（もともとの話はキリギリスではなくセミだったともいいます）」では、アリが働いている夏のあいだ鳴き遊んでいたキリギリスが、冬になってアリに食べ物をねだると「夏は歌って暮らしたなら、冬は踊って暮らせ」と突き放されます。

これらの話は、勤労により社会の労働生産効率をあげることに貢献しない者は生きなくてよいという意味で、怠けている者を戒める話として使われています。しかし本書では、働かない働きアリをもつシステムは、短期的な労働効率は低くても長期的な存続率が高いため、長い時間で見ると生き残る、と言ってきました。

ここまで聞いて「何かおかしいぞ？」と思ったあなたは鋭い方です。

いままでずっと、生物の適応度は次世代に残す遺伝子の数で測られると言ってきたわけですし、血縁選択は、その遺伝子は血縁者を通じて伝わってもよいというシステムでした。この大原則は、「この世代」で「強いもの」が生き残るという思想です。いまこの世代における強弱のみが問題であり、短期的な効率が高いものが最後に残るはずだと言い換えることもできます。ところが、働かない働きアリについては、短期的に高効率なシステムより低効率なものが残るという結論になっています。なぜこんなことになるのでしょうか？　「自然選択のもとでは適者生存」という鉄則自体が間違っているのでしょうか？

実はこの「適者」というのがくせ者です。ダーウィンの論理には、「何に対して適しているものが適者なのか」という定義がなされておらず、したがってどんな性質が進化してくるのかもこの論理だけでは決められないのです。そこで進化論を支持する学者たちは「世代が重ならず（親と子の世代が共存しない）、世代間で個体数が変化せず、内部での交配は完全にランダムである」というきわめてシンプルな「定常個体群」という集団を想定し、そこで個体の適応度が異なると、適応度の高いものが最終的に残ることを計算によって示しました。それで現実の生物もすべて説明しようと考えたのです。つまり、現在のほとんどの進化理論は、理想的な個体群においてのみ成立する考え方でしかないのです。

この、理想状態での理論値と現実の生物が示す行動パターンが一致する例はたくさん報告されており、進化理論の正しさを示す証拠だとされていますし、確かにそうなのですが、問題はあります。

研究という活動は、理論と一致した結果だと公表されやすく、理論と一致しない結果は公表されずに終わる可能性が高いものです。つまり公表された例だけを目にしていることを考えると、現実が理論と一致する場合は「ある」とはいえるものの、本当に「多い」とはいえないかもしれないのです。

また、現実に生物が生きる環境は理想状態とはほど遠く、学者が設定した定常個体群のありようとは遠い隔たりがある場合もたくさんあります。ヒトを含む多くの生物では複数の世代が共存し、最近の日本の超高齢化社会の進行からもわかるように、世代ごとの個体数は常に変動しています。また、個体は自分が見つけられる範囲にいる個体としか交配できません。このような変動要因まで考慮したときにどのような進化が起こるのかは、実はまだほとんど研究も理解もされていないのです。

適応度に基づく進化の考えにはもう一つ大きな問題があります。適応度は未来における値なので、測定する未来をどの時点に置くかで値が違ってくる可能性があるのです。通常は「次世代」または「孫の世代」での適応度を進化の指標にしますが、次世代で適応度が高いある性質も、何百世代もの未来で考えると、次世代で低い適応度しか示せない性質より適応度は低いのかもしれません。言い換えれば「ある生物がどのくらい未来の適応度に反応して進化しているのかはまったくわかっていない」のです。もしかすると、次世代の適応度に反応する遺伝子型と、遠い未来の適応度に反応する遺伝子型がいまこの瞬間も、私たちの体内で競争しているのかもしれません。しかし、理論上にせよ、そんなことが検討されたことはいままでないのです。

神への長い道

これら自然選択説の盲点を考え合わせると、働かない働きアリの存在も、あながち進化の原則と矛盾していないと思えます。彼らには直近の未来の効率ではなく、遠い未来の存続可能性に反応した進化が起こっている、と私自身は考えています。みながいっせいに働くシステムは直近の効率が高くても、未来の適応度は低いのです。

ところが、このような問題はごく最近の研究によってやっと扱われ始めたばかりですし、適応度の時間軸のスパンを変化させる理論で現実の生物がどれだけ説明できるのかもまだほとんど不明です。科学は理論的に簡素で明解に説明できることを重んじますが、説明原理（この場合は適応度に基づく進化）にどのような理論的制約があるのかを忘れると、ただの机上の空論になってしまいます。

生物学は現実の生物が「なぜ（Why）」そして「どのように（How）」進化してきたのかを明らかにする学問ですから、理論的に美しいことよりも、現実の生物をうまく説明できるという価値観を大切にしなければなりません。私たちはそういう視点を忘れずにこれからも研究を進めていきたいと思っています。

進化は、永遠に終わることのない過程ですが、もしも「完全な適応」が生じれば進化は終わります。私は講義のなかで学生に「すべての環境で万能の生物がいれば、進化は終わるのか？」という問いを必ず投げかけます。全能の生物がもしいれば、どのような環境でも競争に勝てるため、世界にはその生物しかいなくなるからです。進化とはそんな、存在しない「神」を目指す長い道行きだともいえるでしょう。と同時に、なぜそのような生物が存在しないのか、理由を考えることも、生物を理解するうえでは大切な姿勢だといえるでしょう（もちろん理由はありますが、それはみなさんのお楽しみにしておきます）。

説明できないという誠実さ

ここまで本書は、ヒトと同様に社会をつくる生き物について、その様々な側面を現在の生物学がどのように見ているのか、ヒトの社会との共通点やムシであるがゆえの相違点などについて見てきました。

彼らはムシという生物がもつ制約のもとで、社会をつくることの有利さを活かす方向へ進化を遂げており、必然的に伴う、個と群を巡る様々な軋轢《あつれき》とその結果である裏切りや社会へのただ乗りにもさらされていました。驚くべき高度な分業が可能な理由、働かない働きアリが存在する理由、様々な社会寄生や利己的なチーターの存在など、社会をもつことで、個別に暮らしている生物では決して見ることのできない様々な生物現象が進化していることを知りました。

ヒトの社会も、遺伝的に多様な人々が相互に関係をもつ点ではムシの社会と同じですから、ムシの社会のある部分とは、思わずにやりとするような共通点をもっています。ここまで読んできた方々にも、自身の体験と重ねて微苦笑したり、苦々しく思ったりされた部分があるのではないでしょうか。

そして最後に、様々な理由によって、既存の理論とは異なり、生物とは必ずしも短期的に効率の高いものが生き残るわけではないかもしれないという仮説を述べました。アミメアリのチーターと利他的なワーカーが、個体レベルとコロニーレベルで逆向きの増殖率を示して長期間共存し続けることや、働かない働きアリのいる短期的効率の低いコロニーのほうが長期的な存続可能性が高いことなどは、一見、「適応度の高いものが進化する」という単純な進化の法則に反する事例です。

これらの事例は最後に残るものが進化する、という意味では既存の理論に反してはいませんが、時間、空間の広がりのなかで肝心の適応度のカウントをどのレベルまで行うべきなのか、という点で、いままでの考え方とは異なる新しい考え方を導入しています。そのような考え方のほうが生物現象のある面をうまく説明するのです。

こうした新しい考え方に基づく生物理解は、いままでうまく説明できなかった様々なことが説明できる観点として、今後もっと一般的になっていくと思われます。

科学は理論体系の構築を大切な目的としていますが、理論との整合性ばかり考えていても、生物がその理論にしたがっていなかったら無意味です。かつて、ある高名な生物学者が「ダーウィンの進化論が出た段階で進化生物学者のやることは終わっている」と述べるのを聞いて、強い違和感を覚えたことを思い出します。

生き物はとても多様であり、その生きる環境も様々ですから、「どのような進化が起こっているのか、完全にわかった」などという態度は、思いあがりであるように私には思えたのです。

科学のなかで一つの理論体系が成熟してくると、すべての現象をその理論体系で説明できるものと考え、新たな考えを排斥する風潮が広がります。生物学者も社会のなかに生きる一つの個体ですから、周りの人間がみなそのように考えていると、自分が見た現象を最初からその枠組みの中で考えるように仕向けられます。また、そうしないと研究を認めてもらえないので、そうしない者は生き残ることができず、ますます思考の固定化が進みます。

しかし、説明できないものはどうしても説明できません。いずれ新しい理論が（最初は変人のたわごととして）現れ、あるときふとみながそれの正しいことに気づき、新たな理論は科学のなかに取り込まれます。科学哲学者のトマス・クーンが「パラダイム・シフト」と呼んだように、あらゆる科学の理論は、そのような洗礼を受けてこの世にあります。

いつも永遠の夏じゃなく

大学の一教員である私は、かつて学生にある質問をされて「それはこういう意味だ」と説明しました。彼は納得して帰ったのに、後で「先生の言ったことは教科書に載っていません」と言ってきました。私はそのとき「君は自分の頭で納得したことより、教科書に書いてあるかどうかを正しいかどうかの基準にするのか？ 科学者は、正しいと思ったことは世界中のすべての人が〝それは違う〟と言ったとしても〝こういう理由であなた方のほうが間違っている〟と言わなければならない存在なのに？」と怒りました。

多くの研究者（プロを含む）は、教科書を読むときに「何が書いてあるかを理解すること」ばかりに熱心で、「そこには何が書かれていないか」を読み取ろうとはしません。学者の仕事は「まだ誰も知らない現象やその説明理論を見つけること」なのにです。優等生とは困ったものだと「変人」である私は思います。私はこれからも変人として、私たちの研究がそのような新たな科学の発展に役立つ一例となるよう、やっていきたいと思うのです。

生物の世界はいつも永遠の夏じゃなく、嵐や雪や大風の日など予測不可能な変動環境であることが当たり前です。「予測不可能」とは「規則性がない」ということですから、実は数式で表されるものしか理解できない理論体系が、最も苦手とする分野が「生物学」なのかもしれません。

生物の進化や生態の研究には、まだまだ何が出てくるかわからない驚きが残っていると私は思いますし、驚きがないのなら、そんな研究はもうやめたほうがましだと思います。人生もそうかもしれませんが、いつも永遠の夏じゃないからこそ、短期的な損得じゃない幸せがあると思うからこそ、面倒臭い人生を生きる価値がある、とは思いませんか？

終章のポイント

◎どのような進化が起こるかの予測は、理想的な集団でしか成立しない
◎理論には必ず前提とする仮定があるので、仮定がなりたたない場合、その理論は役に立たない
◎まだ見つかっていないことを示すのが学者の社会貢献
◎説明できないものはどうしても説明できない

おわりに　変わる世界、終わらない世界

長い旅も終わりました。進化は神への長い道だとたとえましたが、世界は常に変わっているので、神の姿も永遠に変わり続けます。要するにゴールはないし、どうすればゴールに行けるのかも永遠にわからない、ということです。しかしそのなかでも生物は生き続け進化し続けます。世界は終わりません。人はとかく「安定した生活を」と願いますし、「この前こうやってうまくいったのだから今度もそうすればいい」と思いがちです。それは定常状態では効果的かもしれませんが、変化する状況ではそうもいきません。

私は、普段人々が気にも留めないちっぽけなムシたちを主な研究材料にしています。実学的な意味ですぐに役に立つことはありません。しかしムシ眼鏡を通して人間の世界を見ると、実に面白い。様々な環境が変わりつつあり、いままでのやり方が通用しなくなりつつある日本という人間の社会が、どうしようとしていて、それはどのような結果をもたらすだろう、など、普通に生きていたのではまったく見えないであろう世界を、ムシのグリグリ眼鏡は私に見せてくれます。

真理に出会えた瞬間はとても感動的で、良質な芸術がもたらしてくれるのと同質な感動を与えてくれます。基礎科学は、すぐ役に立たないという意味で働かない働きアリと同じです。しかし、人間が動物と異なる点は無駄に意味を見出《みいだ》し、それを楽しめるところにあるのではないでしょうか。お話ししてきたように、生物は基本的に無駄をなくし、機能的になるように自然選択を受けていますから、無駄を愛することこそがヒトという生物を人間たらしめているといえるのではないでしょうか。

すべての芸術はヒトという動物にとって必須ではありません。しかし、優れた芸術には確かに存在価値があることを誰も否定はしないでしょう。私はかつてパリに行ったとき、ある美術館でゴッホの生の絵を見たのですが、画集に印刷されていたものを見たときには感じなかった、驚くべき感情を味わいました。なんと絵から「波動」が出ていて、強烈なめまいがしました。盛られた油絵の具の凹凸《おうとつ》が主にそのような効果をもたらすのだろうと気づきましたが、優れた芸術のもつ力を思い知らされました。

良質の科学研究も同じように驚きと感動をもたらしてくれます。優れた検証法を用いた研究はしばしば「エレガント」と表現されますが、人間がその知恵ともてる技術を尽くしてまったく新たな科学原理を発見することは、誰も描いたことがない新たな表現様式を生み出すことと、なんら違いはないと思います。また、雌雄が遺伝的に分化したアリのように、科学研究は「こんなことが世界にあったんだ」という新鮮な驚きをしばしば味わわせてくれます。

科学は、「他者もそうだと言わざるを得ない」客観的な方法で世界を記述し、その法則性を明らかにします。そのため、科学の法則のみが万人にとっての現実世界を操作することができ、それゆえに科学には他の分野に比べて破格の資本が投入されています。

科学は役に立つから重要なのです。しかし絶対に、役に立つことだけをやればOKというわけではありません。狂牛病のプリオンの例のように、「何が役に立つことなのか」は事前に予測不可能なのです。科学のなかに短期的な無駄を許さない、余力のない世界をつくってしまうとどうなるか？　賢いみなさんにはもうおわかりですね。

変わる世界、終わらない世界がどのようなものになっていくかは誰にもわかりません。しかし願わくは、いつまでも無駄を愛し続けてほしい。短期的な効率のみを追求するような世界にはなってほしくないと思います。ちっぽけなムシが示しているように、そういう世界は長続きしないかもしれませんし、なにより無味乾燥で、生きる意味に乏しいと思います。

社会が息切れしそうになったとき、働かない働きアリである私や、他の生物の研究者たちの地道な基礎研究が、「人間」が生き続ける力となればいいなぁ。確かなことはわからないけれど。

新書版を書くにあたって、担当編集者の安倍晶子さん、呉玲奈さんにはひとかたならずお世話になりました。有形無形の力を私に与えてくれる友人たちと共に、感謝の意を表したいと思います。

2010年　12月5日　白い季節の訪れた札幌にて

ヤマケイ文庫版あとがき　働かないアリ、その後

「働かないアリに意義がある」の本を書いたのも、もうずいぶん昔の話です。本は皆さんに喜ばれ、おかげでこういう所にまた収録していただけることになりました。この研究はさまざまなことを考えさせてくれ、いくつもの新たな研究になりました。今回、その後に分かったことを最後にまとめることになったので、もう少々おつきあいください。

生物は、「瞬間的な増殖率」がより高いものが増え、集団を優占する、とダーウィンは考え、それを「自然選択」と名付けました。いままさにコロナ禍の中で、より感染力の強い変異型が、自然選択によりものすごい速度で既存型に置き換わりつつあります。ダーウィンは、進化とは長い時間をかけて起こるもので観察などできないという反論に対し、「進化は今も裏庭で起こっている」と言いましたが、なんのことはない「進化は街中で起こって」いて、我々はまさにそれを目撃しているのです。

「働かないアリ」研究の動機は、「全員が同時に働いたほうが、瞬間的な生産性は高いのに、なぜ全体の効率を下げても働かない者が必ず現れる仕組みをアリが採用して

いるのか？」という疑問でした。本を読んでいただいた方はご理解いただけたと思いますが、答えは「全員が疲れて働けなくなると、誰かがいつもやっていなければいけない重要な仕事をこなすことができなくなり、コロニーが大きなダメージを受けることを回避するため」です。

つまり、瞬間的な効率よりも長期的な存続が優先されていたのです。

論文を公表した後、自然選択説に立つ欧米の研究者から、この結論に異議が唱えられ、インドの新聞社から意見を求められましたが、事実は事実。彼らが研究したアリが違うとしても、私の材料は私の仮説を支持します。生物がなぜ今の姿や行動を示すのかは、その生物がたどった歴史を反映しているので、「アリだから皆同じ」というわけではありません。

一神教圏の学者は統一原理が好きです。しかし世界は複雑だし、それを安易に「まとめて」理解しようとすると大事なことを見落とします。「まとめる」ということは細かい情報をそぎ落とし、分かりやすい概念だけで現象を理解しようということですから、そぎ落とされる情報に現象の本質があれば、それに基づいた理論は見当はずれなものになってしまいます。

というわけで、「働かないアリ現象」から「瞬間増殖率の最大化」ではない「適応進化の原理」があるのではないかと考え、現在その研究をしています。

答えに到達していると考えていますが、その原理は、自然選択と両立し、両方が働くことで、一見、自然選択説と矛盾する進化現象（性の進化など）を説明することができます。ダーウィンは偉大な科学者ですが、40億年を生き延びてきた生物は一筋縄ではいきません。

しかし、自然選択信者は決して認めようとしないでしょうから、論文としては通らないでしょう。そこで現在、英文の本にして残しておこうと画策しています。齢60になる私の最後の仕事にするつもりです。

多くの進化学者は、自然選択と矛盾する現象を説明するのに、適応の指標としての「瞬間増殖率」を変更して、たとえば、「働かないアリ」のような絶滅回避の有利性を表すためには、長い世代での増殖率と絶滅率を組み込んだ指標を使えば説明できる、と言っています。しかし、これはダメな考え方です。なぜなら、「有利なものは有利だ」という言葉は、科学的には何も言っていないからです（＝論理循環）。

ダーウィンの偉大さは、そこに「有利＝瞬間増殖率の高さ」という単一の指標を持ち込むことにより、適応進化を「神の領域」から科学の世界に引きずり下ろした所にあります。したがって、別の要素を組み込んで、状況ごとに有利性の基準を変えて

「自然選択は正しい」と言うことは、「有利なものは有利」への無限後退に他なりません。

「働かないアリ」はもう一つ重要な認識を私に与えました。それは「1匹1匹のアリはたいしたことができないのに、なぜコロニーとして合理的な集団意思決定ができるのか?」ということです。働きアリはある刺激に対して、神経細胞がそうであるような「閾値反応」しかできません。しかし、その集団は的確に状況判断をし、合理的な意思決定を行っています。

従来の説は、個々のアリ（ハチ）が候補の価値を判断し、高価値の候補に多くの仲間を動員するので、最もたくさん動員された候補を最良のものとして選ぶ（「正のフィードバック」と呼ばれる）、という論理です。

しかしよく考えると、コロニー内の働きアリ間に閾値の違いがあれば、コロニーは閾値の分布を持つことになり、2つの価値の違う候補（価値A>Bとする）があれば、各候補にOKを出す個体数は必ずA>Bになる訳です。つまり、閾値分散だけで両候補の質（巣場所としての好適さなど）の差を評価することができるのです。

シワクシケアリで実験をするとまさにその通りになるので論文にしました。その時のレフェリーは「正のフィードバックとアリの集団的意思決定」の研究に半生を費やしてきた人でしたが、最終的には論文を通してくれました。立派な態度です。

科学者はつらい。自分が生涯をかけてやってきた研究でも、それを否定する、論理と証拠のある理論が出てきたときには、それを認めなければならないのだから。まぁ現実には、自分の理論と合わないデータだと、難癖をつけて落とすレフェリーはたくさんいます。科学自体は理論と証拠ですが、やっているのはただの人間ですから。

話を戻すと、閾値分散システムが資源の価値を評価する時、資源の分布に対してどういう閾値分布が最も正解率が高いかをシミュレーションで示した論文も公表しました。この論文は生物学者よりもＡＩ研究者からの評価が高いらしく、国際的なＡＩ研究の学会からしょっちゅう講演してくれ、という依頼がきます。

私は腎臓病で透析患者なので行きませんが、閾値分散だけで自律的に価値判断と合理的意思決定ができるアルゴリズムを見つければ、それは「脳の謎」を解いたことになるのだから、興味を持つのも当たり前でしょう。できれば自分でも考えてみたいと思っていますが時間が足りなくてできていません。

現在、自然選択説に基づいた適応進化理論（＝総合説）では、集団内に生じる変異は遺伝子上の突然変異に起因し、それらの変異体の間に自然選択が働く結果、適応が進むと考えています（新型コロナウイルスの変異型の優占が好例）。しかし、アリには奇怪な種類がいて、女王が無性生殖で自分の遺伝的クローンとして働きアリや次世代女王を作り、コロニー全員が遺伝的クローンであるという種類がいます。メンバー間には遺伝子の変異がないはずですが、こういうアリを用いて、ワーカー間に閾値の変異があるか？個体の閾値が時間と共に変化するか？という研究をやりました。

結果は両方ともYESでした。遺伝的なクローンであることを遺伝マーカーで示した上で論文としてまとめて投稿したところ、またしてもレフェリーは上記の人で、最初、「申し訳ないのだが、測定ミスではないか？」と言ってきました。

そりゃずっと、閾値には遺伝的基盤があると考えて研究してきたのだから認めたくないでしょうね。しかし、統計的に測定誤差ではあり得ない、という分析を加えて戻したところ、最終的には通りました。本当にまともですね。

その後、このタイプの別種のアリで、与える餌の資源価値の分布状態を変化させると、働きアリ内の閾値分布が、資源分布に合わせて適応的な方向へ短期間に変化することも示し、現在論文としてまとめています。しかし、遺伝的なクローンの集団が、突然変異を伴わずに、コロニーとして適応的な個体の表現型の変化を見せるのだから、総合説の立場はどこにいってしまうのでしょう？　論文として通るかどうかは分かりませんが、事実は事実です。

また、瞬間増殖率より存続性が優先される、という着想から、生物は自然選択がもたらす利己的な進化をしているのに、どうして40億年も生き抜いてこられたのか、に答えようとしています。自然選択と並立するもう一つの進化原理が自然選択と相互に働くことで、答えられると考えています。

アリと共生関係を結ぶアブラムシを使ってその予測の実証を試みていますが、やればやるほど思った通りの結果になるので面白いです。まぁ、正しいことを見つけたときにはそういうものなんですけどね。一部はすでに論文化していますが、全ては出していないので詳しく語れないのですが、その結論は驚くべき（しかし考えてみれば当たり前の）ものです。

「裏切れば殺す」の「ゴッドファーザー」のやり方では存続は不可能です。つくづく科学は面白い。私の研究者人生もあと数年ですが、最後にこういう研究ができて幸せです。

重要なのは「無駄」である

「働かないアリ」以降、特に印象に残ったことを書きます。意外だったのは、経済関係の団体からの講演依頼がたくさん来た、ということでした。企業名を聞けば誰でも知っているような会社の重役ばかりの研修会で講演したこともあります。

そこで、「人間はやる気でアウトプットが大きく変わる所がアリと違う。皆さんは若い頃、いやな上司のために一生懸命働こうと思いましたか？」と聞いたら、超有名企業の専務が「いやぁ、思わないよ。足引っ張ってやろうかと思ったよ」と言ったのが印象的でした。

人間の組織を上手く回すには、いわゆる中間管理職が有能であることが必要ですが、現状それができているとは思えません。多分、いろいろな組織が「いやな上司」だらけなのではないでしょうか？　話題になったドラマ「半沢直樹」が高視聴率を取れたのも「実際には世の中はあんなじゃない」からではないでしょうか。

他にも、雑誌の記事やインタビューの依頼が増えた中で特に印象に残ったのはあるインタビューです。科学雑誌に、学者にインタビューした内容をコラムとして書いている記者から取材を受け、インタビュー後の雑談で、「長谷川先生は今後どういう研究をしていきたいと思っていますか？」と聞かれたので、「誰も知らないことを見つけて、それが本当だと証明したい」と答えたら、「私は、１００人以上の日本の科学者にこの質問をしましたが、そんなことを言った人はいません」と言われました。

愕然として、「じゃあ、なんと言うのですか?」と聞いたら「理屈なんか向こう(=欧米)のやつらが考えるから、それが本当だと示していれば飯が食える、と言いますよ」と言われ、心底驚きました。日本からなかなかイノベーションが出ないのも、むべなるかな、です。

子供の頃から個性的な人間を矯正しようとする日本の同調圧力社会では、人と違う考え方をする人間は潰されます。幸い私は、小学校3年生くらいの時に「教師とつきあわないのがベスト」と悟って実行したので、ここまで生き延びてこられましたが。

関連して、北大といえば、クラーク博士の「Boys! Be ambitious」という言葉が看板ですが、これを「青年よ! 大志を抱け」と訳すセンスはいただけません。クラーク博士の真意を知るため、北大の図書館を通して調べましたが、結局分かりませんでした。

しかし、同時期に東大に招かれたドイツ人の医学者の講演録は残っており、そこでは「私は、『科学の樹』を植えようと思ってここに来たが、諸君らは『科学の果実』のみを欲し、ついにその樹を育てようとはしなかった」と語られていました。クラーク博士の言葉も同義でしょう。

そもそもambitiousは「大志」ではなく「野望・野心的」です。innovation(革新)

をimprove（改良）と勘違いしている日本社会は、こういうすり替えをしている限り、先はないでしょう。

科学とは不思議なもので、オリジナリティがあり、革新的な理論ほど重要だとされているのに、そういうものを扱った論文は「通りにくい」。若い研究者は就職するためには論文の本数が必要なので、すぐ通る「下請け仕事」に走りがちで、野心的なテーマに挑む者は少ない。私のように、もう先がない者は、あえてそういうテーマをやれますが、手間ひまかかる割に実りは少ない。

「下請け仕事」で職に就いた学者は、研究費の審査などでもそういう研究ばかりに高得点を付けるので、下請け研究がますますはびこります。悪循環だし日本の科学の将来は暗いが、私はもうすぐ引退なので別にいいです。

また「働かないアリ」は、本来なら出会えることなどなかった人々と会うチャンスをくれました。もっとも嬉しかったのは、ビートたけし氏との対談に呼ばれたことです。大の映画ファンである私（「ソナチネ」は私の人生のAll time bestのひとつ）にとって、映画監督・北野武でもある氏は、一度話をしてみたい一番の人でした。どれだけ金を出しても会えない人なので、話が来たときは「変な研究やってて良かった」と心底思いました。

日程調整の過程で、たけしさんは午後3時から、という希望だったのを、透析のため必ずその日に札幌に戻らなければならない私は午後1時からにしてもらったのですが、当日北海道は大雨で、小樽の線路で土砂崩れが起き、いつもなら出発1時間半前には空港に着くはずが、搭乗便に間に合わず、「世界のキタノ」に「早くしてくれ」と頼みながら待たせる、という豪快な技をかましてしまいましたが、話は面白がってもらえ、予定時間を大幅に超えて話せ、氏の頭の良さに感服しました。

映画の話も少しでき、今は亡き大杉漣さんが、「ソナチネ」のオーディションに1時間も遅刻してきて（大杉さんの死後、有名になった）、よほど使うまいと思ったが、雰囲気が良かったので使ってみたら当たりだった、という話や、巷間噂されていた、北野監督は大雑把な筋は決めていても、細かい脚本に囚われず、その場のひらめきで俳優の起用や台詞、演技を決めていくことなどが確認でき、本当の天才でした。

また、これを書いている時点ではまだですが、糸井重里さんと会えることになったのも望外の喜びです。

私はこの上ない映画好きですが、最近観たアニメ映画で、主人公達が追っ手から逃げようとして、敵に囲まれたとき、知り合いのおしゃべり男が現れ、取り囲む兵士の前で「働かないアリ」の話をすると、兵士達が聞き入り、主人公達は時間が稼げる、という演出がありました。映画好きとして、些少なりとも映画文化に貢献できたのは嬉しかったし、おしゃべり男が次の話をすると、我に返った兵士が詰め寄るので、「働かないアリ」の話は、面白い話として描かれていたのも良かった。

基礎科学は科学の礎としての役割だけではなく、人々に世界の真理を知らせて、世界の不思議さ、それを知る感動などを伝える、一種の「芸術」としての性格を持ちます。「芸術」も、生きていくには必須ではないが、あった方が絶対に世界が豊かになります。ましてや「基礎科学」は何かの時に、役に立つかもしれないのです。何が「役に立つ」のかは、問題が起こってみないと分からない。新型コロナウイルスが流行っても、ワクチン開発の基礎科学に投資してこなかった日本は自国製ワクチンをいまだ完成させられていません。

今、役に立つものだけに投資しろ、と言う声は良く聞かれますが、それは滅亡への一本道です。40億年間を生き抜いてきた生物たちが、効率より存続を優先しているということが、無駄の重要性をなにより物語ります。

無駄こそ人間の証なり。

2021年7月　長谷川英祐

解説

京都大学レジリエンス実践ユニット特任教授・名誉教授
鎌田浩毅

二〇二〇年に世界を襲った新型コロナウイルスは、人間という「コロニー（集団）」に何をもたらしたのだろうか。本書は進化生物学者がアリを対象として、マクロ生物学の観点から生物社会の本質をわかりやすく解説した秀逸な啓発書である。

具体的にはアリ社会が持つ精妙な組織を、きわめて誠実で地道な観察によって明らかにする。さらに自然界の正確な観察から炙《あぶ》り出されてくる、人間の持つ思い込みの危険性が随所に指摘され、気が付くと最終章まで私は一気に読了した。

第1章「7割のアリは休んでる」

それでは章ごとに見ていこう。第1章は「7割のアリは休んでる」という意表をつくタイトルで始まる。アリは「コロニーを維持するために必要な労働をほとんど行わず（中略）労働とは無関係の行動ばかりしています」（28ページ）と言う。

では、個々のアリは何のために存在しているのだろうか。それは、結論から言うと、個体は全体のために生きており、「個体の運命は集団がうまくやっていけるかどうかに大きく依存している」（28ページ）のである。

そして激変する環境の中では、「予想外の事態」がきたらすぐに対応できる「働いていないアリ」という「余力」を残していることが、実は重要なのだ。だから社会の構成員の全てを働かそうとする人間の考え方は、決して賢くないのである。

「アリが働き者であるという俗信は、私たちが、エサを探し求めて歩き回っているワーカーばかり見ているからこそ生まれてきたのです」（32ページ）。著者は我々の思い込みを「俗信」と言うことばでさらりとかわす。「俗信」で世界を見ては本質が見えなくなることを、私は改めて思い知らされたのである。

第2章「働かないアリはなぜ存在するのか?」

人間社会では「適材適所に人材が配置され、組織の上にいる者が指令を出すのが当然」と私も思っている。役員会から始まって部長や課長が下に指示するが、アリの社会にはこうした上司が存在しない。

そこでは集団として仕事が効率よく処理されるため、個体それぞれが自動的に動き出すようになっている。そこには「反応閾値《いきち》」（56ページ）と呼ばれる、仕事を開始する際の個体差が用意されているという。

ここで著者は、散らかった部屋をどの程度で片付けるかという個人差を例に説明する。ごみを見つけるとすぐに掃除する人から、足の踏み場がなくなるまで掃除しない人までいるように、仕事に対する反応閾値がアリごとに違っているのだ。

「つまり、腰が軽いものから重いものまでまんべんなくおり、しかしさぼろうと思っているものはいない」（60ページ）。ここは私の大好きなくだりである。スイッチが入ればいつも全力でタスクに向かう。この姿勢は私自身のモットーでもあり、京都大学で24年間学生たちに薦めてきた。

言いかえると「未熟でもよいが、タスクは全力で行う。決して手抜きはしない」である。タスクに対して全力で向かうとき、人は活き活きとして周囲に共感と感動を生むからだ。

蛇足だが、教授になりたての頃、私の授業はあまりにも下手で学生たちはみな呆れていた。しかし、手を抜いたつもりはなく、自分の講義を毎回ビデオに録画して、その呆れていた学生たちと一緒に見ながら話し方を研究した。定年前には京大人気ナンバーワン教授と言われるまでになったのは、未熟ながらもいつも全力で講義をしていたからである。

つまり、本書のアリたちと同じく、自分に与えられた（プログラムされた）タスクを、自分の反応閾値にしたがってスイッチを入れれば、集団に対して十分貢献できる、ということなのである。

そして働くと必ず疲れがたまるものだが、著者はこう結ぶ。「誰もが必ず疲れる以上、働かないものを常に含む非効率的なシステムでこそ、長期的な存続が可能」（78ページ）となる。しかも、「働かない働きアリは、怠けてコロニーの効率をさげる存在ではなく、それがいないとコロニーが存続できない、きわめて重要な存在だといえる」（78ページ）と喝破する。

アリ社会では、集団の中で貢献する場所がそれぞれ違うようにシステムが組まれている。しかも、それを指令する「上司」は存在せず、個々のアリが自分に与えられた能力を発揮するように、時間差まで含めて精妙にプログラムされている。人間で言えば「天性」を発揮する機会が最初から組み込まれていると言えようか。組織と個人を考えるに当たり、非常に示唆に富む事例と言っても過言ではない。

第3章はマクロ生物学の解説として力が入っておりやや難しいが、なぜ他人のために働くかという「利他行動」の本質が語られる。生物の利他行動は、最終的には個体の利益になるような行動をしている。その結果として、集団にとっても全体の利益が上がるので、個体の利他行動は全体とウィン・ウィンの関係にある。

こうした状況を著者はこう身近な例を挙げて締めくくる。「人間の会社で、労働者が会社のために働きながら自らの利益（＝給料）を得ているのと似ています。会社が給料をくれない（個体の利益があがらない）としたら、会社のために働く人はいないでしょうし、反対にみんながさぼって給料だけもらおうとすると、会社はなりたちません」（114ページ）。専門の込み入った内容を素人に分かりやすく説明する著者の技量に私は脱帽した。

第4章「自分がよければ」

これまで働かないアリの重要性について語ってきたが、第4章では別の新しいメンバーが登場する。すなわち、「コロニー全体の利益になることを一切せず、ただひたすら自分の子どもだけを生産し続ける裏切り者のワーカー」（120ページ）の存在だ。

ここから遺伝子の基礎知識が披露される。ミトコンドリア遺伝とDNA遺伝との間にある本質的な違いだ。少し長いが見事な要約なので引用してみよう。

「細胞内にはミトコンドリアと呼ばれる細胞内小器官があり、これは核ゲノムとは別にDNAをもっています。核ゲノムは両親から半分ずつ子どもに受け渡されるのですが、ミトコンドリアDNAの場合は卵子内の細胞質として次世代に伝わるので、母親からしか遺伝しません」（121ページ）。

その考え方をもとにミトコンドリアDNAを調べると、「社会ができた後に侵入してきた新たな遺伝的タイプ」（122ページ）があるという。

これは社会に闖入《ちんにゅう》してきた「利己的な裏切り者」であり、英語の「だます（cheat）者」の意から「チーター」と呼ばれる。チーターは母からだけ受け継ぎ、コロニーが確立した後で出現する形質である。そして、この働かないチーターはいずれコロニー間を移動して、なんとコロニーを次々滅ぼしていくのである。

ところがこの後で面白い展開になる。言わば「ミーイズム」のチーターはもともと少数者であるが、コロニーをどんどん破壊して数が増殖すると、今度は自らが生きる場を失うことになる。

「このとき、チーターの入ったコロニーは滅びますが、滅んだ後の「空き地」に利他者だけのコロニーが移住してきて増殖するので、感染していない無垢のコロニーが生存できます。（中略）集団全体では両者の共存が成立するわけです。いうなれば局所的な絶滅と再生が繰り返されることで、バランスが保たれているのです」（127ページ）。

この利他者は第3章に説明されているとおりで、その上にチーターの存在がある。こうしてチーターは社会を破壊するが、一方で再生の場を提供するという隠れた役割を持っている。

生物社会が維持されるには、絶滅と再生という二つの相反するメカニズムが必要なのだ。こうして人間の浅知恵ではとうてい及ばない、驚くべきシステムを生物界は作っている。だから我々も、利他主義だけではダメ、利己主義だけでもダメというバランスを持つ必要がある、と説得される。

ちなみに、「右のような関係は病原体と宿主の関係でも見られることで、最初は非常に毒性の高かった病原体が、流行を繰り返すうちに弱毒化していく例は、この理論で説明できる（中略）あまりにも毒性が強いと病原体が別の宿主に移る前に宿主を殺してしまい、強毒の遺伝子型は淘汰されてしまう」（128ページ）のだ。

まさに現代の新型コロナウイルスに関する、実にエレガントな生物学的な解説である。

第5章「『群れ』か『個』か、それが問題だ」

第5章では生物の社会が群れをつくるメリットとデメリットが語られるが、当然予想されるように、その結論は出ない。生物は両者のバランスを上手に取りながら、群れというシステムを賢く活用しているのである。

この話は終章「その進化はなんのため？」に受け継がれる。「遺伝情報をタンパク質に翻訳して生命活動を行うことなどから考えて、地球の歴史上、生命はたった1回しか現れなかった」（178ページ）のである。この視座に地球科学者の私も全面的に賛同する。

46億年にわたる地球の歴史を繙《ひもと》くと、「生物の世界はいつも永遠の夏じゃなく、嵐や雪や大風の日など予測不可能な変動環境であることが当たり前」（190ページ）なのだ。こうして予測不可能な変動環境で生き延びた生物は、全てノーブル（高貴）なのである。

私は京大の講義や一般向けの講演会で必ずノーブレス・オブリージュ（高い地位に伴う道徳的義務）の話をする。元々はフランス語で「地位ある者は責任を伴う」という意味である。ヨーロッパの貴族は昔、普段は遊んでいてもいざ戦争が起きると、領民を守る義務を果敢に果たしたからだ。

これまで良い教育を受けられた学生は、いずれ社会に出てから人々に還元する義務がある、と教え子たちに語ってきた。これは京大生に限らず、全ての生徒に同じことが言える。この世で命を授かり無事に学校に通っているだけで、極めて幸運でノーブルな存在と言えるからだ。

したがって、本書のアリも含めて現存生物は全て、38億年の生命を受け継ぎ、過酷な地球環境の中を生き延びてきた。それだけで本当はノーブルな存在であり、それがノーブレス・オブリージュの本来の意味だと私は考えている。

地球上では何億という数の種が共存しながら、全体として多様性を維持することに成功してきた。よって「生き残った生物の存在自体がノーブル」という考え方は、生命観の基本にあるべきではないかと思う。本書には地球科学的な生命誌の発想から始まり、拙著『地球の歴史』（中公新書、上中下）で言いたかったことがコンパクトに要約されていたのである。

啓発書の手本

内容の解説とともにぜひ述べておきたいことがある。著者のアウトリーチ（啓発・教育活動）能力には刮目すべきものがあるからだ。身近な言葉を駆使して初めての読者にも興味を喚起し、先を読んでみようという気にさせる。

具体的に言うと、第1章「兵隊アリは戦わない」、第2章「怠け者は仕事の量で変身する」、第4章「社会が回ると裏切り者が出る」などのワーディングがとても魅力的である。著者と編集者の合作だろうがまさに的確な言葉が選び取られている。

また各章の最後に「ポイント」が列記されているのも好ましい。読者はここを先にチェックして、興味のある節から読み始めることができる。ちなみに、私は科学書を読む際には要約や後書きにあるまとめから読むことを薦めている。同様に、本文中で（62ページ参照）のようにレファレンスページが記されているのも親切であり、私も一般向けの書籍では必ずその工夫をしてきた。

専門家には自明のコンテンツでも、目線を下げて平易な文章で丁寧に説明しているのも有り難い。言うなれば、読者の考える速度で議論が展開しているのだ。だから私自身、必死にならなくても余裕を持って（楽しみながら）読み進むことができた。私も20年以上「科学の伝道師」を標榜してきたが、こうした理系の啓発書は意外と多くないのである。

「大地変動の時代」に柔軟性を保つヒント

最後に、本書を読んだ地球科学者がぜひとも伝えておきたいメッセージを記しておこう。第1章で述べられたように、集団の中に「働かないメンバー」がいることによって、「想定外」の事態に対処することが可能になる。

これは私の専門に大きく関わることだが、日本列島が地震・噴火の活動期に突入した「大地変動の時代」に必要な考え方なのである。すなわち、集団に蓄えられた「余力」こそ、組織が柔軟性を持ち続ける際に不可欠の要素なのだ。

著者が明らかにしたアリの精妙な組織は、人間社会が持つべき弾力や柔軟性と呼ぶべきものを気づかせてくれる。生命は地球上で38億年もの歴史を紡《つむ》いできたが、「ずっと働ける者だけが尊い」などという考え自体、生物界に反していたのだ。

これについて昨今はレジリエンス（resilience）と表現するが、危機に対する強靱性や復元力とも訳される。もともと物理学用語で「外から与えられた歪みをはね返す」という意味だが、反対の概念は脆弱性（vulnerability）である。

ちなみに、私が現在所属している京都大学の組織は「レジリエンス実践ユニット」だが、拙著『富士山噴火と南海トラフ』（講談社ブルーバックス）でも指摘したように、南海トラフ巨大地震や富士山噴火によって壊滅しない社会をオールジャパンで創出しなければならない。

我々の日常生活が資本主義と科学技術にどっぷり浸かってから幾久しいが、その中で蓄積された誤った概念や俗信を打ち砕いてくれる読後感は、きわめて爽快だった。本書には「大地変動の時代」に柔軟性を維持するヒントが満載されており、地球科学者にも目から鱗《うろこ》が何枚も落ちる好著として、多くの人に読まれることを願う。

本書は２０１６年6月発刊『働かないアリに意義がある』
（中経の文庫）を底本とし、改訂を行った。

長谷川英祐　はせがわ・えいすけ

進化生物学者。北海道大学大学院農学研究院准教授。動物生態学研究室所属。1961年生まれ。大学時代から社会性昆虫を研究。卒業後、民間企業に5年間勤務したのち、東京都立大学大学院で生態学を学ぶ。主な研究分野は社会性の進化や、集団を作る動物の行動など。特に働かないハタラキアリの研究は大きく注目を集めた。研究は何より面白いことがいちばんと断言する。趣味は映画鑑賞(年間50~60本)。主な著書に、本書のもとになった20万部超ベストセラー『働かないアリに意義がある』(メディアファクトリー新書)、『面白くて眠れなくなる生物学』(PHPエディターズ・グループ)などがある。

装幀・本文デザイン　芦澤泰偉＋五十嵐徹
本文ＤＴＰ　千秋社
校正　麦秋新社
編集　綿ゆり（山と溪谷社）

働かないアリに意義がある

二〇二一年九月五日　初版第一刷発行
二〇二四年一〇月一五日　初版第三刷発行

著　者　長谷川英祐
発行人　川崎深雪
発行所　株式会社　山と溪谷社
郵便番号　一〇一－〇〇五一
東京都千代田区神田神保町一丁目一〇五番地
https://www.yamakei.co.jp/

■乱丁・落丁、及び内容に関するお問合せ先
山と溪谷社自動応答サービス　電話〇三－六七四四－一九〇〇
受付時間／十一時～十六時（土日、祝日を除く）
メールもご利用ください　【乱丁・落丁】service@yamakei.co.jp
【内容】info@yamakei.co.jp
■書店・取次様からのご注文先
山と溪谷社受注センター　電話〇四八－四五八－三四五五
ファクス〇四八－四二一－〇五一三
■書店・取次様からのご注文以外のお問合せ先 eigyo@yamakei.co.jp

フォーマット・デザイン　岡本一宣デザイン事務所
印刷・製本　株式会社暁印刷

＊定価はカバーに表示しております。

Printed in Japan ISBN978-4-635-04920-7